新型职业农民农业技术培训教材

中药材栽培与加工技术

张国锋　吴元华　主编

中国农业科学技术出版社

图书在版编目（CIP）数据

中药材栽培与加工技术/张国锋，吴元华主编.—北京：中国农业
科学技术出版社，2012.12

ISBN 978-7-5116-1120-8

Ⅰ.①中… Ⅱ.①张…②吴… Ⅲ.①药用植物–栽培技术②中药
加工Ⅳ.①S567②R282.4

中国版本图书馆 CIP 数据核字（2011）第 265147 号

责任编辑	贺可香　马广洋
责任校对	贾晓红　郭苗苗

出 版 者	中国农业科学技术出版社
	北京市中关村南大街 12 号　邮编：100081
电　　话	（010）82106638（编辑室）　（010）82109702（发行部）
	（010）82109709（读者服务部）
传　　真	（010）82106650
网　　址	http://www.castp.cn
经 销 者	各地新华书店
印 刷 者	北京富泰印刷有限责任公司
开　　本	850mm×1 168mm　1/32
印　　张	6.5
字　　数	170 千字
版　　次	2012 年 12 月第 1 版　2018 年 9 月第 12 次印刷
定　　价	19.50 元

◀━━━ 版权所有·翻印必究 ━━━▶

前　言

　　《中药材栽培与加工技术》是一本科普性读物，旨在让广大药农和一线农业科技人员学习和掌握主要中药材品种的生产栽培技术。书中重点介绍了41个主要中药材品种的种植新技术，突出了近几年通过野生驯化栽培成功且经济效益好的新品种，并已鉴定建立GAP生产基地。书中分别介绍了每个品种的基本概况、别名、植物形态、生物学特性、适宜种植区域、环境气候条件、选地整地、良种选育、繁殖方法、田间管理、病虫害防治、农药使用以及采收和产地初加工等高产高效栽培技术。

　　在撰写《中药材栽培与加工技术》一书时，充分考虑到了我国对中药材种植基地已有强制性标准，为此书中中药材生产的各个关键环节都达到中药材种植基地质量管理规范（GAP）的相关技术标准，以帮助中药材种植者建立规范化中药材种植基地，防止因GAP不达标造成经济损失。

　　在写作《中药材栽培与加工技术》过程中力求让广大读者，特别是农民朋友看得懂和用得上，因此，在定位上除通过言简意赅、通俗易懂的写作方式外，突出了实用性，结合当前中药材生产实际，讲求实效；同时为农业研究、教学人员和管理人员提供参考，也在较深层面上体现了科学性、资料性和实用性，更加突出内容的前瞻性，以更好地服务和指导中药材产业的发展。

　　在该书面世之际，深感这是一项颇有意义的事业完成。在此，对关心和支持该书撰写的出版单位、原作者和提供资料的专家学者表示衷心的感谢。由于笔者水平有限，书中难免疏漏以及不妥之处，敬请读者指正。

笔　者

2012 年 11 月

目　录

第一章　总论

一、中药材栽培的现状

我国中药材栽培历史悠久。几千年来，劳动人民在生产、生活以及和疾病作斗争中，对药物的认识和需求不断提高，药用植物逐渐从野生植物采挖转为人工栽培。在长期的生产实践中，对于药用植物的分类、品种鉴定、选育与繁殖、栽培管理，以及加工贮藏等都有丰富的经验，为近代药用植物栽培奠定了良好基础。

作为经济作物的药用植物，指的是中医所使用的中药，是药用动、植物的入药部位加工后的产品，一般把只经简单加工、修制而未经精炼提纯的药用材料称为药材。中药材是一个非常庞大的家族，据统计我国植物来源的中药有 12 800 种，在使用药用植物的数量上居世界第一。进入 20 世纪 80 年代，在"回归大自然"思潮的影响下，国内外掀起了一股应用天然药物的潮流。近年来，国际社会对天然药物的需求日益扩大，在全世界药品市场上天然物质制成品约占 30%，国际植物药市场份额约为 270 亿美元。2010 年，我国中药进出口额为 26.32 亿美元，同比增长 22.74%。其中出口额 19.44 亿美元，同比增长 22.78%；进口额 6.88 亿美元，同比增长 22.61%。中药进出口额大增的主要原因在于国际上对绿色健康的重视使得越来越多的国家青睐我国中药产品，国际市场特别是亚洲市场的需求增加也是中药出口额大增的原因之一。

2009 年的中药市，我们可以概括为 4 个阶段：在惶恐中起航，在迷茫中向上，在"甲流"中激扬，在医改中辉煌。

在惶恐中起航。2008年金融危机席卷全球，世界经济遭受重创，药材市场危机重重，药材行情飞流直下，众药商损失惨重，诚惶诚恐。2009年的中药市就是在药商的惶恐中起航了。

在迷茫中向上。2009年春节过后，由于受金融危机和药市惨跌的影响，药商们大多心存余悸，对未来市场缺乏信心。但药材市场却在国家宏观经济的回暖及全球经济的平稳形势下，购销渐旺，行情向上。

在"甲流"中激扬。在药材市场行情向上的过程中，甲流疫情却横扫全球，使即将复苏的药材市场迅速出现普涨格局。例如，八角由8元（千克价，下同）升为23元，银花由70～90元升为340～370元，连翘由11元升为26元，板兰根由3.5元升为27元，薄荷由2.5～3元升为10～15元，牛蒡子、贯众、佩兰等均在上涨之列。

在医改中辉煌。在宏观经济止跌回暖的形势下，我国的新医改、新农合、农村养老保险等社会保障体系建设快速推进，如春风吹遍神州大地，吹暖药材市场。预防甲流药材品种的涨风刚过，太子参、白芷、桔梗、浙贝、沙参、黄连、麦冬、三七便接过涨价大旗。野生品种也不甘寂寞，威灵仙、白癣皮、赤芍等再创新高。

种植药材的朋友还需要了解哪些基本事项呢？请朋友们记住下面最重要的几点。

第一，种植药材前一定要调查所种药材的市场行情。通过正规媒体如广播、电视以及国家或地方政府出版的中药信息方面的期刊、报纸来了解市场信息。或到附近的药材市场、药材公司咨询。不要相信非正常途径得来的消息和虚假广告。

第二，因地制宜地确定所种的药材品种。向有关专家了解种植技术的难度。根据当地的土地条件、气候条件、人力物力资源来确定种植面积，不适应当地气候的药材品种不要强行引种。药材种植利润大，风险也大，因此，要稳步发展。

第三，选好种子、种苗。一定要找专业研究机构与专家来鉴定种子、种苗。选好种子、种苗等于成功了一半。

第四，掌握好栽培技术，这方面有不少专门的书籍已出版。药才由野生变家栽后，苗期生长弱小，药材封垄之前要加强田间管理，防除病虫杂草，抛弃种药材不管理的陈旧思想。

第五，抓好药材收获加工环节。辛辛苦苦种出的药材，一定要精细收获加工，同时要密切关注自己所种植药材的市场行情的变化，千万不要高价压库或低价抛售，要随行就市积极销售。

二、中药材生长特点

种植市场走俏的中草药能获得比大田作物更高的经济收益，但是种植中草药要比种植大田作物复杂，想种中草药的朋友先要了解一些有关中药材栽培的知识，做到心中有数。也许欲种植药材的朋友已有种植粮食、蔬菜或水果的经验，但是种植药材与种植常见的农作物毕竟是有区别的，药用作物的生长发育和它们的栽培技术有自身的特点，现简要介绍如下。

1. 栽培种类繁多，学科范围广泛

我国已在使用的中草药就有 11 146 种，目前引种栽培的已超过千种，最常用的栽培药材也有 200~300 种。不同药材的生长发育规律是不同的，收获部位也不一样，栽培方法当然有区别。大部分药材的栽培技术与粮食、油料、蔬菜、果树、花卉、林木等学科相近，即学科范围宽。如薏米、补骨脂、望江南、红花等药材的栽培技术与粮油作物相近；当归、白芷、桔梗、地黄、括楼、泽泻等药材的栽培技术与蔬菜作物相近；北五味子、柯子、金银花等与果树相近；芍药、牡丹、菊花、除虫菊等与花卉相近；黄柏、杜仲、厚朴、喜树、安息香等与林木相似。还有诸多种类的栽培技术超出上述学科的范畴，如麦角是真菌类与植物寄生关系；虫草、白僵蚕是真菌寄生于昆虫体的产物，真菌门担子菌纲多孔菌科植物的干燥菌核；桑寄生、菟丝子等植物需要寄生于其他植物；人参、细辛、西洋参、三七、黄连等均需遮阴栽培；甘草、黄芪分布于干旱地区，而泽泻、葛根则喜湿地生长等。

2. 野生性状较强

引种任务很重，由于药用植物比大田作物引种栽培历史短、训化程度低，很多种类还处于半野生状态，野生性状强。这表现在种子有休眠习性，种子发芽不整齐，苗期生长弱小，植株变异大等。因此，在整地、播种、田间管理、收获以及加工贮存方法等方面与大田作物有很多区别。

无论是野生药材还是国外药材，无论是南药北移还是北药南移，都要进行引种。引种时应当谨慎小心，在我们以往的工作实践中，既有成功的例子、也有失败的教训。例如，中国医学科学院药用植物研究所药用植物栽培20世纪50年代以来已成功地引种驯化了许多原产地在南方的药用植物，如杜仲、山茱萸等，现已在北方广泛栽培。但是，同期引种的厚朴却没有成功。自厦门引种到北京的玫瑰茄和自中东地区引种到云南的胖大海，虽能长出正常的营养体，但却不能开花结果，其主要原因可能是光周期和温度不适所致。近年来，有关专家已不主张大纬度引种，因为即使引种成功，内在质量也难以保证。例如，北方和高海拔地区的青蒿中青蒿素含量低、杂质多，与南方产的青蒿中青蒿素的含量差异较大，几乎没有工业利用价值。中药材讲究地道性，药材种植者要根据当地的土地条件、气候条件来确定种植面积。不适应当地气候的药材品种不要强行引种，最好得到专家的指导。

3. 多数药材的生产和研究水平不高

我国药用植物栽培历史悠久，但是，药材只用于防病治病、用量有限，局限于小品种、小作物。多数品种的生产和研究水平远比粮食、蔬菜落后，处于仅知怎么种的初级水平。有些具有特殊生物学性状或适应范围较窄的品种，其生产水平提高的步伐更慢。新中国建立后，这种局面日趋改变。如人参的栽培始于 2 000 多年前，规模化生产已有 400 余年的历史。新中国成立初期还是传统的全阴棚栽培，平均单产每平方米不足 0.5 千克。自 20 世纪 60 年代开始，从人参的生理、生态、药化、临床入手，阐明了一些基础理论，从而改进了栽培技术，使人参单产得以大幅度提高。诸如细辛、北五味子、天麻、猪苓、龙胆、马兜铃、白木香、白僵蚕的野生变家栽的迅速成功，都与从基础研究入手、研究与生产相结合分不开。

4. 药材生产对产品质量要求严格

药材生产对产品质量的要求比粮食作物、蔬菜、果品等更严格。它不仅要求外观性状好，更要求内在质量佳。药用植物中用来治病的有效成分并非蛋白质、碳水化合物、脂肪等次生代谢物质，而是一些含量甚微的次生代谢物如生物碱、皂苷、黄酮、苷类、香豆精等，它们在植物体中含量通常仅有百分之几甚至万分之几。迄今为止，已对 300 多种中药进行过较系统的化学成分研究，发现了 600 多种活性单体化合物。如人参的主要活性成分是多种人参皂苷、黄连是小檗碱，丹参是丹参酮和隐丹参酮。有效成分的含量必须达国家药典的规定，才能作药用。所以，对栽培方法、采收期、加工工艺要求很严。

5. 药材生产的地道性强

在众多的药材品种中，部分药材地道性很强。如吉林人参、甘肃当归、四川黄连、云南三七、辽宁北五味子、宁夏枸杞等。药材的地道性受气候、土质等多种因素影响，这种影响不仅是限定生长发育，更重要的是限定了次生代谢产物及有益元素的种类和存在状态，这是引种后不能入药或药效不佳的主要原因。如伊贝从新疆引种到辽宁后，生长发育、产量都很好，生物碱也较高，但多了一种尚不清楚的成分而不能使用。应当指出，药材的地道性并非所有品种都很强，有的品种引种后生长发育、外观和质量与原产地一致，故可以入药，如山药、地黄、芍药、金银花等。即使是地道性强的品种，也并不只限于原来的产地，因为我国幅员辽阔，地形、地势复杂，总可以在全国各地找到气候、土质类似的地方。有些地方气候相同，土质不同还可以通过改良使之相同就可以引种栽培，如人参、西洋参、枸杞、黄连等。

总之，尽管药材种类多，各自性状千变万化，栽培技术复杂，人们经过几代药物科研人员的努力，常用药用植物的栽培技术几乎都被研究过，并出版了大量的专门著作。中央和地方也有不少专门从事药用植物栽培研究的科研人员，欲种植中药材的朋友应该消除种药的顾虑。

三、中药材 GAP 规范概述

中药材 GAP 是我国应对中药材及其产品标准化和国际化的迫切需要，借鉴西方国家药用植物（GAP）的理念和知识体系，结合我国医学和中药材生产和加工的特色，通过创新和发展形成的法规和实施体系，虽然我国中药材 GAP 的发展起步较晚，但在国际上却是率先由政府行为而制定和颁布的法规，并在全国各地得到广泛的重视和推行，迅速而得以发展。

GAP 是保证中药材有效成分含量的前提。李杲谓："凡诸草、木、昆虫，产之有地；根、叶、花、实，采之有时。失其地，则性味少异；失其时则气味不全。"唐代医圣孙思邈的《千金翼方》中记载："夫药采取，不知时节，不以阴干暴干，虽有药名，终无药实。"古人已明确指出药材的功效与其产地，采收时间，加工方法等有密切的关系，特别与其产地尤为密切。"GAP"强调的就是"地道药材"的地理学和原产地的概念，"GAP"要求种植药材保证中药材的地道性和原产地性从而保证其有效成分含量。如北柴胡分布区域很广，陕西、甘肃、山西、青海、河北、河南等省均有分布。但通过对药效、药理、有效成分含量等各方面的研究表明，宝鸡地区产的北柴胡其品质和柴胡皂苷含量明显优于其他地区的北柴胡；再如"浙八味"、"东北三宝"、"四大怀药"，甘肃的当归、大黄、党参，宁夏的枸杞等这些地道药材早已深入人心。地道药材在品质、有效成分含量、临床疗效等方面优于其他地区同品种的药材这已是不争的事实。随着科学的进步，社会的发展，人们对地道药材的理念越来越强，高品质的药材是医学和普通百姓共同的要求。

GAP 是控制中药有害物质的关键现代化药材种植基地，对其土壤、空气、水、周边环境等都有一定的要求，必须按严格的标准执行，这样就大大减少了中药中有害物质的含量，如重金属铅、砷、汞、农药残留等。从而降低中药的毒性，提高了中药材的内在质量，从源头上控制了中药材中的重金属和农药残留含量。是进入国际贸易的基础，重金属和农药残留合乎标准是我国药材顺利进入国际市场的必备条件。韩国、日本、美国和欧洲等国家和地区在这方面都有很严格的限定。规定了中药材种植时化肥、农药和除草剂的使用范围和使用量，尽量使用腐熟的农家肥，一般不使用农药和除草剂，确需使用时应尽量选择低残毒或生物性农药和除草剂。只有这样，才能生产出符合国际标准的绿色中药材，打造出中药材的国际好形象。而本书介绍的栽培方法都是符合 GAP 规范的。

那么中药材 GAP 的主要内容是什么呢？中药材 GAP 是对中药材生产中各主要环节提出的要求。在 GAP 中，对条文执行严格程度的用词是："宜"或"不宜"、"应"或"不应"、"不得"、"必须"或"严禁"等字样。GAP 在国际上已有先例，如1997 年欧共体的《药用植物和芳香植物生产管理规范》和 1992年日本厚生省药物局组织编撰的《药用植物栽培与品质评价》。《中药材生产质量管理规范（试行）》是原国家药品监督管理局（国家食品药品监督管理局）2002 年 4 月 17 日颁布，并于 2002

年 6 月 1 日起施行的。本规范共分 10 章 57 条（见表 1 - 1 和附录 1），其主要内容有：

表 1 - 1 《中药材生产质量管理规范（试行)》的基本内容

章名项目条款数（条款编号）主要内容

第一章　总则 3（1 ~ 3）目的意义

第二章　产地生态环境 3（4 ~ 6）对大气、水质、土壤环境条件要求

第三章　种质和繁殖材料 4（7 ~ 10）正确鉴定物种，保证种质资源质量

第四章　栽培与养殖管理植物类：6（11 ~ 16）

动物类：9（17 ~ 25）

制定 SOP，对用肥、用土、用水、病虫害的防治控制要求

第五章　采收与初加工 8（26 ~ 33）确适宜采收期，对产地的情况、加工、干燥三项提出具体要求

第六章　包装、运输与贮藏 6（34 ~ 39）每有包装记录，运输容器洁净，贮藏处通风、干燥、避光等条件

第七章　质量管理 5（40 ~ 44）对量管理及检测项目、性状、杂质、水分、灰分、浸出物等提出具体要求

第八章　人员和设备 7（45 ~ 51）受一定培训的人员及对生产基地、仪器、设施、场地的要求说明

第九章　文件管理 3（52 ~ 54）生产全过程应详细记录，有关资料至少保存 5 年

第十章　附则 3（55 ~ 57）术语解释和实施时间等

（1）产地生态环境　中药材生产企业必须对大气、水质、土壤环境条件进行检测，各项环境指标应符合国家相应标准。

（2）种植及繁殖材料　对养殖、栽培或野生采集的药用动植物，应准确鉴定其物种，包括亚种、变种或品种；对种子、种畜（动物种）等繁殖材料在生产、贮运过程中应实行检验和检疫制度；加强中药材良种选育、配种工作，建立良种繁育基地。

（3）栽培与养殖管理　根据各种药用（动）植物的习性，确定生产适宜区，并尽量避免不良环境的干扰。制定药用植（动）物栽培（养殖）技术的标准操作规程（SOP）。

（4）收获　包括药用部分的确定，尽量减少非药用部分或异物（特别是有毒杂草）混入；最佳采收期的研究与确定；采收机械、器具应干燥洁净，无污染。

（5）初加工（或称产地加工）　指从药用部分采收到形成商品药材的过程，不包括饮片炮制。初加工的目的是清除异物，尽快灭活、干燥（鲜用药材除外），以便贮存和运输。采收后药用部分通常要经过清洗（不宜用水洗的应说明）及加工（如修制、晒干、蒸煮等），并应迅速干燥。干燥器械必须干净无污染，并严格按规范操作。干燥后的产品临时摊放在晾架上，防止生霉，并应尽快包装。

（6）包装　包装前应再次检查并清除劣质品及异物。包装材料（袋、盒、箱等）最好是新的或清洗干净、充分干燥、无破损的。易碎药材应装在坚固的箱盒内，毒剧、稀贵药材应采用特殊包装，并贴上明显标志，加封。

（7）运输与贮藏　成品药材运输应防晒、防雨淋，易碎药材应轻装轻卸。药材仓库应通风、干燥、避光，并应有防鼠、防虫及防鸟等措施。成品药材应层架堆放，防止生霉变质，并定期检查。

（8）质量管理　对有关质量管理的部门及人员，与药材质量有关的检测项目等必须提出具体要求，不合格的中药材不得出厂和销售。

（9）人员及设备　生产企业的技术负责人和质量管理部门负责人应具有药学或农学、畜牧学等相关专业的大专以上学历，并有药材生产实践经验和药材质量管理经验。从事中药材生产的有关人员应具有基本的中药学、农学或畜牧学常识，并按本规范要求，定期培训与考核。中药材产地应设有厕所或盥洗室。

（10）文件管理　每种药材的生产全过程均应详细记录，存档后由专人保管。为了推进中药材 GAP 的顺利实施，国家食品药品监督管理局已于 2003 年 9 月 19 日颁布了《中药材生产质量管理规范认证管理办法（试行）》和《中药材 GAP 认证检查评定标准（试行）》（附录 2 和附录 3），并于 2003 年 11 月 1 日起开始正式受理中药材 GAP 的认证申请工作。中药材 GAP 认证检查项目共 104 项，其中关键项目 19 项、一般项目 85 项。其中涉及植物类药材的检查项目 78 项、关键项目 15 项、一般项目 63 项。2003 年 11 月 18～30 日，国家食品药品监督管理局已先后组织有关专家通过对陕西天士力植物药业有限责任公司等首批 8 家中药材生产企业的丹参等 8 种药用植物 GAP 基地的现场认证工作，经审核、复议程序，已 GAP 正式认证，并于 2004 年 3 月 16 日以国食药监安〔2004〕59 号文发布了国家食品药品监督管理局中药材 GAP 检查公告（第 1 号）。这标志着我国的中药材 GAP 实施工作已经有了实质性进展。

第二章　根与根茎类药材的栽培

一、黄　芪

黄芪别名绵芪等，为豆科黄芪属多年生草本植物。中国药典收载了黄芪的两种原植物，即膜荚黄芪（又称东北黄芪）和蒙古黄芪。黄芪为常用中药，以根入药。花叶可作茶叶冲剂。有补气固表，利尿、托毒、生肌的功能，治体虚自汗、久泻脱肛、子宫脱垂、慢性。

（一）生物学特性

黄芪为多年生深根系豆科黄芪属植物。自然状态下的野生黄芪根多而深。荚果膜质先端有喙被黑短柔毛托叶披针形、叶轴被毛的（膜荚黄芪）或荚果无毛，有显著网纹，托叶呈三角状卵形的（蒙古黄芪）。地上部生长繁茂，多分枝，每年秋季地上部分枯死，第二年由更新芽萌发新的地上部分。秋季果实成熟后，荚果开裂，种子自然脱出。

黄芪种子成熟期不一致，种皮厚、成熟早的较硬实、过于硬实的俗称铁子。因种子较硬实，故吸水力差、发芽困难。发芽率一般为70%～80%，蒙古黄芪种子千粒重6.04克，东北黄芪种子千粒重因产地、生长情况不同，差别较大。

黄芪种子在地温10℃或以上时，土壤保持足够湿度，经10～15天即可出苗。在18～21℃时约9天出苗。发芽适宜温度为 14 ～ 15℃，贮存 2 年的种子发芽率仍不减。土壤干旱种子不易萌发。黄芪一般 2 年生的易开花结果，但膜荚黄芪 1 年生的也有少数开花结果。幼苗细弱，怕强光，要求土壤湿润，略有荫蔽容易成活。成年植株和生长期喜干旱和充足的阳光。

（二）栽培技术

1. 选地和整地

黄芪适应性强，南北各地均有栽培。性喜凉爽，有较强的耐旱、耐寒性，怕涝、怕高温。平地、山坡地均可种植。但黄芪是深根性植物，选地时要注意选土层深厚、土质疏松、肥沃、排水良好、向阳或高燥的中性微碱性沙壤土，pH 值（酸碱度）7 ～ 8 为宜。黏重板结、含水量大的黏土以及瘠薄、地下水位高、低洼易涝易积水的地块均不宜种植。

地选好后，深翻 30 ～ 45 厘米，整平耙细，施肥可在深翻前撒于地面或做垄时扣入垄底。要施足基肥。基肥以腐熟农家肥为主，每亩①施 2 500 ～ 3 000 千克，过磷酸钙 25 ～ 30 千克或磷酸二铵 15 ～ 20 千克。有草木灰的最好施一些。

膜荚黄芪可做 60 厘米左右宽的垄，蒙古黄芪可做 40 ～ 50 厘米宽的垄。畦作的可做高 20 厘米、宽 1 ～ 1.2 米的高畦。

2. 选种及种子处理

黄芪过去多为野生，栽培品种选育工作做得不够，遗传性很纯的栽培品种极少。各种间在许多方面都有很大不同。在栽培中注意选择优良类型培育是十分有意义的。

黄芪种子成熟期不一致，种子过于成熟易产生硬实而影响出苗，因此应适时采收。采收后的种子用风选或水选剔除瘪粒及虫蛀种子，选饱满、有光泽的优良种子备用。

为了提高出苗率，打破种皮不透性、打破休眠，必须用以下机械损伤或物理化学药剂处理的方法促进发芽。

---

① 1 亩 = 667 平方米　1 公顷 = 15 亩

（1）将种子放入开水中搅拌 1 分钟，立即加入冷水，调温至 40℃（两开一凉水）浸泡 2 小时，将水倒出，种子加覆盖物闷 2 小时。待种子膨胀或外皮破裂时，趁墒情好时播种。

（2）将种子用砖头等物搓至外皮由棕黑变为灰棕时即可播种。也可用体积相当于种子 2 倍的细沙，混合拌匀摩擦，当种子发亮时，就可带沙播种。

（3）老熟硬实的种子可用 70% ~ 80% 的硫酸溶液浸泡 3 ~ 5分钟，迅速取出，在流水中冲洗半小时后播种。此法能破坏硬实种皮，发芽率达 90% 以上，因硫酸腐蚀性强，应用此法时应慎重、小心。

墒情好时，可先催出芽后再播种；如墒情不好，不要催芽播种，可处理后干播。

3. 播种

多采用直播法，其质量好，产量高。春、夏、秋三季均可进行播种。

春播：由于春旱，春风大，对种子发芽出苗不利，必须早播。以 3 月下旬为宜，最迟不能超过 4 月中旬。尽量提早为好。

夏播：最好在 7 月上旬。这时土壤湿润，温度较高，有利于种子出土和保苗。苗生长得也健壮。但此期播种，杂草生长多而快，除草困难。

秋播：在土壤结冻前，10 月下旬至 11 月上旬。播后最好灌一次封冻水，避免春季过分干旱。

播种时，在垄上开沟，深 3 厘米，播幅 9 ~ 12 厘米。踩好底格，湿度大时轻踩，干旱时踩的实些。条播，将拌沙的种子均匀地撒入沟内，覆土 2 ~ 3 厘米，稍加镇压即可，也有大垄播双行的。

畦播：在耙细整平的畦面上，按行距 25 ~ 30 厘米，开沟深3 厘米，播幅 10 厘米的浅沟进行条播，将拌沙的种子均匀地撒入沟内，覆土 2 ~ 3 厘米。稍加镇压。播种量每亩 2 ~ 2.5 千克。

集中育苗田亩播量 5~7.5 千克。大面积种植可用机械播种。

苗长到 9~15 厘米高时，可按株距 9 厘米交叉两行苗定植，每亩留苗 2.5 万株左右。种植 1 年生黄芪要亩保苗 4 万株左右。若缺苗，要补苗移栽或催芽补种。

有的地方有先集中育苗再移栽的。头一年的夏秋播种出苗，第二年移栽。移栽在春季进行，也有春育苗秋移栽的。

4. 田间管理

黄芪幼苗生长缓慢，出苗后往往草苗齐长。因此在苗高 4~6 厘米时，应及时进行中耕除草，同时进行间苗。苗高 10~12 厘米，膜荚黄芪按株距 9~10 厘米，蒙古黄芪按株距 6~7 厘米定苗。要根据杂草生长情况及时除草及时铲蹚。

黄芪第一二年生长发育旺盛，根部生长也较快，每年可结合中耕除草施肥 2~3 次。第 1 次于 5 月上中旬，每亩施硫铵 15 千克左右或尿素 10 千克左右；第 2 次于 5 月下旬至 6 月上旬，每亩施尿素 10 千克；第 3 次于 6 月下旬至 7 月上旬，每亩施磷酸二铵 15 千克。视生长情况于 8 月底前可叶面喷施 0.3% 尿素 3~4 次，间隔 7~10 天 1 次。8 月后施钾肥、磷肥。

第 1 年秋大冻前最好每亩施腐熟农家肥 1 000 千克盖头粪，防冻防旱。要多施农家肥，少施化肥。生长季节，特别是雨季注意排水，以防烂根死苗。

打顶：为了控制黄芪株高，减少养分消耗，在 7 月底前要进行打顶（摘去顶芽）。这是黄芪获得丰产的重要措施。

（三）病虫害防治

黄芪病害有白粉病、褐斑病、锈病、紫纹羽病等，幼苗期虫害主要有金龟子，生育盛期有蚜虫、豆荚螟等。

1. 白粉病

病原是真菌中两种子囊菌。苗期到成株期均可发生，主要为害叶片，也为害荚果。开始受害时叶两面有白色的粉状斑，严重时，整个叶片如覆白粉，后期在病斑上生长很多黑色小点，使叶片枯死，早期脱落或整株枯萎。该病多发生在 6 月份。防治方法：

（1）加强田间管理，合理密植，注意通风透光，适当增施有机肥，使黄芪生长健壮。

（2）适期防治。发病前、发病初期可喷 0.3 波美度石硫合剂或 150 倍等量波尔多液，关键是要适期喷药。

（3）清除田间落叶、病残株及附近的野生寄主。

（4）可用 25% 粉锈宁、62.25% 仙生 600 倍液或 50% 甲基托布津 800 倍液，每隔 10 天喷 1 次，连续交替喷药 2~3 次。

2. 紫纹羽病

紫纹羽病，俗称"红根病"。发病后根部变成红褐色，是黄芪的一种重要病害。多在 6~8 月份发生，在高温多湿季节，地下水位高，土质黏重的条件下容易发病。初期为害须根，之后蔓延到主根。病斑初期呈现褐色，最后呈现紫褐色，并逐渐由外向内腐烂。烂根的表面有白线状物缠绕其上，此为病菌菌索，后菌索变为紫褐色并相互交织的菌膜和菌核。根部自皮层向内腐烂，最后叶片自下而上发黄脱落，整株枯萎死亡。防治方法：

（1）黄芪收获时，应清除病根及病残组织，集中烧毁，减少越冬菌源。

（2）与玉米、小麦等禾本科作物轮作，3~4 年种植 1 次。

（3）雨季注意排水，降低田间湿度。

（4）发病后用退菌特 600~800 倍液、甲基托布津 800~1 000 倍液进行浇灌防治，都有一定的防治效果。

3. 豆荚螟（钻心虫）

防治方法：

（1）深翻土地，实行轮作。

（2）成虫发生盛期（开花前在花上产卵，幼虫钻进荚内），于傍晚喷洒敌杀死或速灭杀丁防治；或幼虫蛀荚之前，初果期，荚角泡籽粒刚形成时（7 月中旬），喷洒 80% 晶体敌百虫

1 500 ~2 000 倍液，每 7 ~10 天 1 次，连续喷几次，直到种子成熟。

4. 蚜虫

6 ~8 月份发生。为害上部嫩梢，影响黄芪生长发育，用氧化乐果、敌杀死喷雾防治。

（四）采收与加工

播种后第二年于 6 ~7 月间开花结籽。8 ~9 月份种子变褐色时采收。当 70% 的荚熟时就采收。采后晒干脱出种子，放于通风干燥处贮藏。最好分期采收。

播种后的第 2 年（有的第 3 年）秋季从落叶到霜降或春季解冻后至萌芽前均可采挖。挖时宜深刨以防折断根部。大面积机械采收为好，起挖的深，收获的多。

收获后切下芦头，抖净泥土，除去残茎及须根，晒干。捆成小捆即成生芪，以身条干、粗长，质坚而绵、味甜、粉性足者为佳。

二、龙　胆

龙胆别名龙胆草等，是龙胆科龙胆属多年生草本植物，根和根茎供药用，是著名常用中药材"关龙胆"主要来源植物之一。龙胆具有泻肝胆实火，除下焦湿热及健胃等功能，常用于治疗胃炎、消化不良、胆道炎、黄疸、尿道炎等疾病。

（一）生物学特性

龙胆种子很小，千粒重 28 ~30 毫克。种子适宜的发芽温度 15 ~23℃，发芽率 60% ~80%。野生种子受自然条件影响，成熟度较低，种子寿命实用年限为 1 年。经试验，室内播种，温度在20℃左右，10 天即可出苗；田间播种（辽宁东部山区 4 月初播种）25~30 天出苗。幼苗初出土时仅有 2 片椭圆形子叶，半个月之后长出两片披针形的对生真叶，当年生苗一般只长 8~10 片莲座状的根生叶，不长出地上茎。地下部分生有 1~2 条长 10 厘米左右细根，粗 1.5~3 毫米。2 年生苗长出地上茎，多数开花但结实数量不多，株高 15~20 厘米；3 年生以上开始大量开花结实，栽培 4 年的龙胆单株可长出 3~4 个茎，地下可长出 15~20 条须根。单株鲜重达 30 克左右，根中的有效成分龙胆苦苷的含量高于野生。

（二）栽培技术

1. 选地整地

龙胆在生长过程中对土壤的要求不太严格。具体栽培地应选土层深厚、土质疏松肥沃、光照条件较好、含腐殖质较多的壤土或沙壤土地。一般平地、缓坡地或新开垦的荒地都可以种植，重黏土地、低洼易涝及盐碱地不适合栽培。育苗地还要选择有排灌条件的地块。土质要求要肥沃，坡地应选东西向坡地，向阳坡地不太适宜。移栽地应选阳光充足、排水良好的沙壤土或壤土。也可以利用阔叶林的采伐地或旧人参地。前茬以豆科或禾本科的植物为好。选地后于晚秋或早春将土地深翻 30~40 厘米打碎土块，清除杂物，施足底肥，肥料主要以充分腐熟的农家肥为主，尽量不施化肥及人粪尿。每亩施肥量 2 000~3 000 千克。育苗地也可以根据土壤原有肥力情况增施少量磷酸二铵。育苗地多做成平畦或高畦，畦宽 1~1.2 米、高 10~15 厘米。移栽地多做成宽 1~1.2 米、高 20~25 厘米的高畦，作业道宽 30~40 厘米。辽宁东部山区有的地区用大垄（50~60 厘米宽）移栽，效果也很好。

2. 繁殖方法

龙胆主要用种子繁殖，一般方法是第 1 年集中育苗，第 2 年移栽，生长 3~4 年采收。此外，也可以采用扦插或分根方法进行繁殖。只是因为龙胆结实量较多，种源充足，在实际生产中后两种方法用的很少。

（1）种子处理　生产中多数在育苗地直接播种育苗，播种时间在4月上中旬，以早播为优。有条件地区也可以利用保护地育苗，播种时间能适当提前，苗期管理比较方便。不论采取哪种方式育苗，播种前种子要进行处理。处理方法有以下几种。

①播种前5～7天，将种子用0.01%的赤霉素液浸泡24小时，捞出后用清水冲洗几次，稍晾干，用种子量3～5倍干净细河沙混拌均匀，装入小木箱内，放在室内向阳处，上面覆上一层干净湿布进行催芽，温度保持在20～25℃，细沙要保持一定湿度5～7天，种子表面刚开始露出白色小芽时即可播种。

②种子用0.1%赤霉素溶液浸泡10分钟，用清水冲洗20分钟再将种子放入250倍的代森锰锌液中，或相同浓度的百菌清、多菌灵药液中浸泡2～3小时，用清水冲洗，在日光下晾晒后播种。此种方法处理种子出苗率可达到80%，幼苗无徒长现象，药液浸泡可杀死种子表面病菌。

③种子用0.05%的赤霉素溶液浸泡4小时，用清水冲洗数次，在全光下晾晒至种子能自然散开时拌细沙播种。

生产中有的不进行种子处理，种子采收后拌细沙，在0～5℃条件下湿沙贮存，育苗后精心管理，也可以保证正常出苗。

（2）育苗播种　露地育苗播种时间为4月上中旬。原则应掌握适时早播，可以利用低温抑制致病微生物生长，避开病菌对幼苗的侵染，同时可以加大幼苗生长量，增强幼苗的抗病性。有条件的采取保护地大棚育苗。播种时间可提前至3月上旬。播种之前将床土耙细整平，用木板再将床面土刮平。用500～800倍多菌灵液或800～1 000倍敌克松液进行土壤消毒，每平方米用药液1.5～2.5千克，再喷500～800倍的辛硫磷溶液，每平方米0.5～1.0千克进行土壤杀虫。

播种时先将处理好的种子拌相当于种子体积10～15倍干净

的过筛细沙，充分拌匀后，放在细筛子中，轻轻敲打筛子使种子均匀落到床面上，每平方米播种量为 1.5～2.0 克。播完之后再用细筛将细的湿锯末覆 1～2 毫米厚代替覆土，最后在床面上覆一层树叶或稻草保湿，厚度为 1～2 厘米。播种后土壤过干时再用细孔喷壶浇一次水。有的地将处理好的种子直接拌上过筛的湿锯末，1.5～2.0 克种子拌 250 克锯末，拌匀之后再用细筛播种，其他操作方法同上。拌锯末播种好处是保温保湿好，出苗率高。总之，龙胆播种要做到先浇透水，细筛播种，用浅土覆盖。

（3）移栽幼苗　生长 1 年后移栽到大田，移栽时间秋季在 9 月下旬至 10 月上旬，春季在 4 月上中旬芽苞尚未萌发之前。移栽时选无病、无伤的健壮苗，按种苗的大小分别栽植，移栽前种苗用 50% 多菌灵 800～1 000 倍液蘸根消毒后移栽，行距为 20 厘米，株距为 10 厘米。栽时横畦开沟，沟的深度根据根的长短决定，每穴栽苗 2～3 株，覆土厚度以盖过顶芽 3 厘米左右为宜，每亩栽苗 6 万～7 万株。

（4）分根和扦插繁殖　分根繁殖是选取生长年限较久的龙胆根茎，将生长健壮的根茎剪成几个根茎段作种栽，按上述移栽项内的方法栽植，一般多在龙胆采收时节与采收同时进行。

扦插繁殖是在 6 月中旬至 7 月中旬龙胆生长旺盛季节，选 3 年生以上植株，将部分地上茎剪下，将茎剪成有 2～3 个节的插条，除去下部叶片，基部用 ABT 生根粉处理后，扦插在事先备好的床内；插条入土深度为 3～4 厘米，插床的基质多采用 1:1 的壤土和过筛细沙；扦插之后要保持床上湿润，每天用喷壶浇水 2～3 次，插床顶部要搭棚遮阴，防止日光暴晒，大约 20 天后插条长根，待根系全部形成以后，将插条全部挖出，按移栽项的方法栽到大田中。

3. 田间管理

（1）育苗　管理播种后至出苗前应保持床土湿润，早晨或傍晚用喷壶浇水。开始出苗后逐次除去床面覆盖的松树叶。最后留一薄层松叶，以不盖幼苗不影响幼苗生长为好。第1对真叶到第2对真叶期间，土壤湿度应控制在60%左右。苗全之后要经常除草，要做到除小，除净，见草就除。阳光过强时可设简易棚遮阴，随幼苗逐渐长大，适当增加光照，促进生长。

（2）移栽　田管理移栽后如遇天旱及时用喷壶浇水。返青之后干旱时可以灌水。全部生长期内要随时松土除草，保证植株正常生长。龙胆喜阴，怕强光照射，可以在作业道边少量种植玉米遮阴，株距为70～80厘米。平地用大垄栽培时有的地区与玉米套种，2～4垄玉米之间栽2～4垄龙胆。高温多雨季节要做好田间排水，以防烂根及病害发生。7月中旬在龙胆行间开沟追施尿素，每亩12.5千克左右。8～9月份适量追施磷肥、钾肥，促进根部生长。开花期喷1次0.01%赤霉素溶液，增加结实率，并能促进种子成熟，使籽粒饱满。花蕾形成后，不留采种子的植株，应及时除去花蕾，以利于根部生长。越冬之前清除畦面上的残存茎叶，在床面上覆2厘米厚防寒土，以利越冬。有条件时覆盖2厘米厚的腐熟农家肥代替防寒土效果更好。

（三）病虫害防治

龙胆大面积人工栽培时间虽然不长，主要由于生长环境与原来野生环境改变较大。因此，近年来病害发生较多，有时给生产上带来很大损失。国内许多生产和科研部门对此进行了许多防治试验，现将几种主要的病害及防治方法简要介绍如下。

1. 猝倒病

主要发生在1年生幼苗期，是由鞭毛菌亚门种真菌引起的病害。发病植株在靠近地面处的茎基上出现褐色水渍状小点，继而病部扩大，致使植株成片倒伏在地面，5～8天后植株死亡。该病主要发生在5月下旬至6月上旬，土壤湿度过大、播种密度过大时发病较严重。防治方法主要是调节床土湿度，发现病害之后停止浇水，用65%的代森锰锌500倍液浇灌病区，也可以用800倍的百菌清液进行叶面喷雾防治。

2. 斑枯病

该病是当前龙胆发病较多、为害较重的常见病，是由半知菌亚门的壳针孢菌引起，多发生在 2 年以上植株，以叶片发病最为严重。主要病状是发病时叶片上出现圆形或椭圆形褐色病斑，直径 0.3 ~ 1.2 厘米，中央的颜色略浅，后期病斑出现小黑点，即为病原菌分生孢子器，严重时病斑会合，叶片枯死，最后致使整株枯萎。发病的高峰期为 7 月至 8 月中旬，气温 25 ~ 28℃，降雨多、空气湿度大时容易发生。

3. 褐斑病

该病也是由壳针孢属真菌引起，6 月初开始发病，7 ~ 8 月份最重，主要发病在叶片，病叶初期出现黄褐色直径为 0.3 ~ 0.9 厘米的圆形病斑，周围呈深褐色晕圈，随病情发展，病斑相互融合，形成大斑，叶片枯死，植株枯萎。高温高湿时此病极易发生。

斑枯病和叶斑病常给生产上带来很大损失，在防治方法上应以预防为主，防治结合，采取农业手段和药剂防治相结合。首先要按要求严格控制选地，地势低洼、易板结地块不宜种植，更不能连作；移栽前土壤和种苗要进行杀菌消毒；移栽田畦面覆盖稻草、枯草或树叶，利于防病；间作玉米，创造龙胆生长的凉爽湿润环境，提高植株抗病性。保持田园清洁，秋末将残株病叶清除，在田外烧掉或深埋；控制中心病株，发现病株，立即清除。用药液处理病区。在生长期间，5 月下旬至 9 月初止，可用 800 ~ 1 000 倍甲基托布津液、50% 多菌灵 500 ~ 800 倍液、70% 代森锰锌 400 ~ 500 倍液、75% 百菌清 800 倍液、50% 退菌特 800 ~ 1 000 倍液等农药交替进行叶面喷雾防治，7 ~ 10 天 1 次，7 ~ 8 月份 5 ~ 7 天 1 次。

（四）采收与加工

栽培的龙胆生长 3 ~ 4 年后（移栽 2 ~ 3 年）即可采收入药。有关资料报道，栽培的龙胆 2 ~ 4 年生其折干率和有效成分均高于野生，而以4年生龙胆于10月中下旬采收，龙胆苦苷的含量及折干率为最高。采收时先除去地上茎叶，再将根部依次挖出，去掉泥土及残存茎叶，阴凉通风处阴干，温度以25℃左右最好，烘干也要在这个温度下进行，因为龙胆苦苷的含量及折干率都高，不适宜在阳光下暴晒或者在40℃以上条件下烘干。不论阴干或低温下烘干，待根部干至七八成时，将根条整顺取直，将其捆成小把，再晾至全干。折干率一般为3.5∶1，每亩可收干品250～300千克。栽培中高产田每亩可收400千克以上。药材以表面黄棕色或暗灰棕色，根圆柱状，长10～20厘米，直径2～5厘米，无杂质，质坚实者为佳。

三、甘　草

甘草别名甜草，为豆科甘草属多年生草本植物，根和根茎干燥后入药。甘草具有补脾益气、清热解毒、祛痰止咳、缓急止痛、调和诸药的功效。用以治疗脾胃虚弱、倦怠无力、心悸气短、咳嗽痰多、四肢挛急疼痛、痈肿疮毒等病症缓解药物毒性的作用。除药用外，甘草还是高级食品、糖果，烟草工业中的调味剂和香料，纺织、印染、制革工业中的辅料，石油开采中的稳定剂。

（一）生物学特性

甘草野生于干旱的沙性土中。喜阳光充足，雨量较少，夏季酷热，冬季严寒和生长期间昼夜温差大的生态条件。抗逆性强。对土壤要求不严格，但通常多适应于腐殖质含量高的沙壤土和壤土。耐盐碱力强。属旱生植物，分布区年降水180～500毫米。甘草种子有较厚角质层，透性差，吸

水困难，处于强迫休眠状态，不经处理很难出苗。种子千粒重 8～12 克。储存管理得好，种子寿命达 3～4 年。幼苗为子叶出土萌发型。在幼苗的茎、叶上即可看到附属物的存在。出现真叶后常先具 7～8 片单叶，而后过渡为 3 片复叶，进而产生羽状复叶。当年生苗可高达 50 厘米，入冬前根头直径不足 1 厘米，多在 0.5～0.8 厘米。2 年生苗高可达 80 厘米，根头直径平均 1.3 厘米左右，最粗可达 2.8 厘米。根头处可发出 10 多条长短不等的水平根茎。3 年生苗高达 1 米，并能开花结实。9 月中旬至 10 月中旬含量最高。

（二）栽培技术

1. 选地整地

选择肥沃疏松、排水良好、阳光充足、地下水位低、盐碱程度低的沙壤土或壤土种植。地下水位高的涝洼积水地、黏土地及含盐量高于 0.4% 的盐碱地均不可选用。选地后，均匀撒基肥于地表，而后以机械翻耕，要深翻、整平、耙细。

2. 种植方法

（1）种子繁殖

①种子处理。

变温浸种：将种子投入到 100℃ 开水中迅速搅拌至自然冷却，浸泡 6～8 小时。捞出用清水洗去黏液，晾去种皮浮水，即可播种。

另一种方法：将种子投入到 60℃ 水中浸泡 6～8 小时，种子多半已吸水膨胀，与未吸水种子分离成两层，但不浮于水面，可随倒水将吸水种子倒出，反复漂倒几次。最后剩下未浸开的硬实种子，捞出投入 100% 开水中烫 3～5 秒钟，立即捞出，投入到冷水中使种皮受到变温刺激，再捞出放入 60℃ 水中继续浸泡 3～4 小时，此时已基本浸好，捞出与先期漂出的浸好的种子合在一起。再用清水洗去黏液，晾去种皮浮水，即可播种。

碾磨种皮：用石碾或碾米机碾磨种皮，见种皮变粗糙失去光泽、色泽稍显绿白色即可。再放入 40℃ 水中浸泡 2~4 小时捞出，清水洗去黏液，晾去种皮浮水，即可播种。

②种子直播：按 30 厘米行距开垄，每亩放入磷酸二铵 30~40 千克，拌土施入，而后播种，覆土约 2 厘米厚，稍加镇压。播后生长 3~5 年直接收获产品。播种于 4 月上旬或 7 月上中旬进行。

③育苗：于 4 月上旬进行。为培养 1 年生壮苗，不宜于夏季播种。分垄台、垄沟、平播 3 种播种形式。

垄台播种育苗：按 60 厘米行距起大垄，经镇压使垄脊成为平整的宽垄台。在垄台上用特制的开沟器开出 3 条深 2~3 厘米的小沟，沟间距 8 厘米，开沟后施入磷酸二铵。每亩 20~30 千克，拌土施入。磷酸二铵拌土施入以免和种子直接接触造成烧苗。将种子点入沟中，每沟 1 米内下种 60 粒左右，覆土 1 厘米厚。开沟、施肥、下种、覆土一定要连续进行。覆土后镇压。

也可按 30 厘米行距起垄，在镇压后的平垄台上开双沟，沟间距 8 厘米，沟中每平方米下种 45 粒左右。其他措施同大垄 3 行播种。

垄沟播种育苗：按 30 厘米行距开垄，每亩施入磷酸二铵 20~30 千克，拌土施入，顺垄沟踩底格，播入种子，沟中每米撒种 90 粒左右，覆土 1~2 厘米厚，而后镇压。

平播育苗：如播小麦。在大平畦中，顺畦按 10 厘米行距开沟，施入拌土及磷酸二铵后下种，沟中每米下种子 40 粒左右，其他措施同垄播。

④移栽：育苗第二年清明前后进行。如面积不大、人力充足，可按行距 20 厘米用平锹开出宽 35~40 厘米、深 7~10 厘米平底沟槽，槽底稍倾斜，两侧相差 3~4 厘米。将甘草苗根条按 8~10 厘米株距头高尾低横摆在沟槽中。每亩施入磷酸二铵 40~50 千克，拌土撒于苗根的下半部。而后覆土平槽，稍加镇压即

可。如大面积栽植，则按 30~40 厘米行距开大垄，施入磷酸二铵，然后将甘草根苗靠垄沟一侧，头高尾低与地面略呈 10°~15°角植入。株距 10 厘米，然后覆土封垄。根头应低于垄面 3 厘米左右。逐次开垄移栽。平槽移植每亩栽 8 000~10 000 株。垄栽每亩栽 16 000 株左右。

甘草苗移栽前用林业起苗器仔细挖出，随挖随栽。防止苗根风干。栽前做好选苗工作。根头直径达 0.8 厘米、长达 30 厘米的优质苗选出单栽，加强管理，当年秋季即可收获。根头直径 0.3 厘米以上、长 20 厘米以上的次等苗统一另栽，长足 2 年后收获。根头直径不足 0.3 厘米的弱苗应淘汰。

育苗移栽比播种后直接收获商品生长周期短 2~3 年，因近于平栽，更好地利用了表层土壤的肥力，尤其是便于采挖，解决了甘草易种难收的关键问题。

（2）根茎繁殖 选直径 0.5~1.5 厘米新鲜健壮的横生根茎切成 15~25 厘米长的小段，每段应有不定芽 3~5 个。按行距 45~50 厘米、株距 20 厘米、深度 15 厘米条栽或穴栽。春季 4 月上旬、秋季 10 月中旬栽植。根茎繁殖是野生资源保护中进行补缺连片的好措施。大面积栽培中很难采用。

3. 田间管理

（1）灌水 甘草耐旱，关键是保苗。播种期和幼苗期应保持土壤湿润，墒情不足应浇水，栽植时也应浇水。生长后期一般不必浇水。

（2）松土、除草 1 年生甘草在地上生长较缓慢，苗期易出现草荒。2 年生的地上生长旺盛，杂草很难与之竞争。育苗田可使用除草剂控制杂草。每亩使用豆田化学除草剂氟乐灵 48% 乳油 90 毫升，配成药液 30 千克，播种前 1 天均匀喷雾地表，而后耙地 5 厘米深，使药土混合。相对除草效果达 90% 以上。使用除草剂一定要注意严格掌握剂量。出苗后至封垄前应以锄松土、除草 1~2 次。封垄后的田间杂草要及时拔除。

（3）施肥　甘草有根瘤菌，自身可以固氮。播种和栽植前应结合整地施足基肥，基肥可施用厩肥、圈肥、炕土，每亩3 000 ~ 4 000 千克，并混入磷酸二铵或复合肥 20 ~ 30 千克一并施入。人粪尿含氮高不宜施用。除施农家肥作基肥，播种和栽植时最好能再适量施入磷钾肥，如磷酸二铵、磷酸二氢钾等。3 年生的商品田在第 3 年返青齐苗后，每亩应追施磷酸二铵 30 千克。

（三）病虫害防治

1. 甘草锈病

病害症状：主要为害叶片。春季幼苗出土后即在叶片背面生圆形、灰白色小疱斑，后表面破裂呈黄褐色粉堆，为病菌夏孢子堆和夏孢子。发病后期整株叶片全部被夏孢子堆覆盖，致使植株地上部死亡，茎基部与根茎连接处韧皮组织增生，潜伏芽萌动，植株表现为丛生、矮化。夏孢子再侵染后，叶片两面散生黑褐色冬孢子粉末。

2 年生栽培甘草夏孢子病株发生盛期在 5 月中旬，病株率10% 左右，6 月下旬为发病株死亡盛期，死亡率达90% 以上。冬孢子病株发生盛期为 7 月中旬。

防治技术：

（1）收获后彻底清除田间病残体。

（2）选未感染锈病、生长健壮的植株留种；冬春季灌水、秋季适时割去地上部茎叶，以减少病害的发生。

（3）早春夏孢子堆未破裂前及时拔除病株；发病初期喷洒20% 粉锈宁乳油 1 500 倍液、65% 代森锰锌可湿性粉剂 500 倍液或 12.5% 烯唑醇可湿性粉剂 2 500 倍液，交替喷雾 2 ~ 3 次。

2. 甘草褐斑病

（1）病害症状　主要为害叶片，叶上病斑近圆形或不规则圆形。中央灰褐色，边缘有时不明显。后期常多个病斑会合成大枯斑，两面均有灰黑色霉状物，为病原菌分生孢子梗和分生孢子。

（2）发病规律　病菌以分生孢子梗和分生孢子在病叶上越冬，次年产生分生孢子引起初侵染，发病后病斑上又产生大量分生孢子，借风雨传播不断引起再侵染。病菌喜稍高温度，夏季早秋雨水多、露水重有利于发病。该病是甘草生长后期常见的叶部病害。

（3）防治技术

①秋季植株枯萎后及时割掉地上部，并清除田间落叶。

②发病前喷1次1：1：150波尔多液，发病期选用77%可杀得600倍液、50%代森锰锌或50%多菌灵500倍液等喷雾，每15～20天1次，视病情2～3次。

3. 甘草虫害

虫害有宁夏胭珠蚧、叶蝉、蚜虫、甘草豆象、甘草透翅蛾等。

（四）采收与加工

种子直播田生长3～4年采收；育苗移栽田2～3年采收。采收在9月末10月初进行。先割除地上植株。如为直播田，先在一侧贴垄挖一道60厘米深窄沟，使甘草根露出，然后向田中逐垄将甘草根挖出。育苗移栽根在土中较浅，逐行将根刨出即可。去掉残茎泥土，按规格要求切断。晒干后捆把、打包即可。鲜货折干率40%～50%，每亩产干品600～1 000千克。

四、桔　梗

桔梗别名道拉基等。桔梗为桔梗科桔梗属植物，其根为常用中药材，具有祛痰止咳、消肿排脓等功能。用于治疗咳嗽痰多、胸闷不畅、咽喉肿痛、肺痈吐脓痰、喑哑等疾病。除供药用外，还可作为蔬菜被人们广泛食用，加工制成桔梗咸菜（俗称狗宝咸菜），味道鲜美可口。

（一）生物学特性

桔梗为较耐干旱的深根性植物，当年生苗主根可达15厘米，

粗约 1 厘米，单株平均根重 6 克以
上。2 年生苗全部开花，8 月中旬为
开花盛期。单株开花 5 ~ 15 朵，通常
在早晨开花，属异花授粉植物，一般
结实为 70% ~ 80%。种子较小，千粒
重 0.9 ~ 1.3 克，种子寿命为 1 年，
适宜的发芽温度为 20 ~ 25℃，一般发
芽率可在 80% 以上。温度在 20℃ 时
种子可在播后 20 天出苗，幼苗出土
初期至株高 5 厘米前生长缓慢，5 月
中旬后，生长加快，9 月中下旬当气
温降至 10℃ 以下时，地上部开始枯
萎，7 ~ 9 月份为根的生长盛期。6 ~
8 月份为营养生长及开花盛期。

　　桔梗对主要的生长环境要求不太
严格，适应性较强，喜温暖湿润气候，喜光照，耐严寒，较耐干
旱。对土壤要求不严，适宜在土层深厚的壤土或沙壤土地栽培。
幼苗初期怕干旱，成苗怕水涝。

（二）栽培技术

1. 选地整地

　　桔梗适宜在我国的东北、西北、华北地区栽培，平地或土质
较好的缓坡均可种植。具体栽培地应选择阳光充足、排水良好、
土层较深的沙壤土或壤土，低洼积水地、盐碱地及重黏土地不适
宜栽培。选地后深翻 30 ~ 40 厘米，打碎土块，施足底肥，一般
不施化肥。每亩施腐熟的农家肥 2 500 千克以上，再施磷酸二铵
10 ~ 15 千克或草木灰。做成宽 50 ~ 60 厘米的垄，或者做成宽
1 ~ 1.2 米、高 15 ~ 20 厘米的高畦，作业道宽 30 ~ 40 厘米，将
土耙细，整平畦面，以备播种。

2. 种植方法

（1）种子处理 选新鲜成熟的种子。播种前用温水浸种 24 小时，或用 0.3% ~ 0.5% 的高锰酸钾溶液浸种 24 小时后，用清水冲去种子表面药液，稍晾干之后即进行播种。经过处理的种子可以提高出苗率。

（2）直播播种 时间春播在 3 月下旬至 4 月中旬，秋播在 10 月上旬至结冻之前。春季播种宜早，土壤全部解冻后即可开犁播种。北方地区秋季播种效果较好，第 2 年春季出苗早，苗全，开花结实较早。播种时先在垄上开 4 ~ 5 厘米深的播种沟，播幅尽量宽一些，为增宽播幅可先踩出底格，将种子拌适量干净的细沙均匀地撒在播种沟内，覆土 1 ~ 1.5 厘米，稍加镇压，每亩地用种量 2 ~ 2.5 千克。大面积栽培时多采用直播法，生长 2 年后根条较直，侧根少，便于加工。畦作的桔梗以行距 20 厘米顺畦开播种沟，具体播种方法与垄作相同。北方地区春季多干旱，墒情不好，尤其干旱时间过长时影响出苗及幼苗的正常生长，如果种植面积不大可以采用育苗移栽法，即第 1 年选择土质较肥沃的平整地块（最好有灌溉条件），集中育苗，生长 1 年后再进行移栽。此种方法第 1 年管理方便，移栽后生长良好，但侧根较多，加工不便，大面积栽培时，移栽工作量较大，费工费时。大面积种植可机械播种，大平畦栽培。

（3）育苗移栽 播种时间与直播时间相同，播种方法可采用条播或撒播。条播：在畦面上按 8 ~ 10 厘米行距开沟，沟深 2 ~ 3 厘米，播幅 10 厘米左右，将种子拌细沙均匀撒于沟内，覆土 1 厘米。撒播：将畦上床土整平耙细，有条件时先将床面浇透水，将种子拌细沙均匀地撒在畦面上，然后覆一层细土，厚度 1 厘米。条播和撒播覆土后均需适当镇压，使种子很好与土壤结合，有利出苗。为保持床土湿润，播种后床面上要覆一层稻草保湿，出苗后再逐次除去稻草。

育苗的桔梗生长 1 年后进行移栽，时间在秋季地上部分枯萎后或第 2 年春季返青之前。移栽前先将育苗田的桔梗根全部挖出，除去病残根，按根的大小及长短分类移栽。移栽时先在畦面上或垄上开沟，沟的深度根据栽子的长短而定，株距 8 厘米左右，行距 20 厘米，用移植铲将种栽稍斜向栽于沟内，然后覆土，覆土厚度以盖过根头 2~3 厘米为宜。为了合理密植，可进行一垄双行移栽，即栽拐子苗，每亩地保持基本苗 4 万株左右。

3. 田间管理

（1）中耕除草、间苗　幼苗出土后如遇天气干旱应及时浇水，幼苗初期生长较缓慢，而各种杂草生长很快，应及时除去田间或育苗床内的杂草，并结合除草适当松土。直播田苗高 5 厘米左右进行间苗，按株距 5~7 厘米定苗。育苗地除经常松土除草之外，应经常保持床土湿润，苗高 3~5 厘米时将过密的弱苗除去，或者移栽到他处。夏秋时节应注意拔去田间的大草，防止杂草种子成熟落地。

（2）追肥　桔梗为喜肥植物，生长期间至少追肥 2 次，第一次追肥多在首次除草松土以后进行，追施腐熟的农家肥每亩500~1 000千克。第 2 次追肥在开花初期进行，施农家肥或每亩施 15 千克磷酸二铵或复合肥，追肥后要向茎基部培土。2 年生苗生长盛期可以叶面喷施 0.3%~0.5% 的磷酸二氢钾溶液，补充磷钾肥，利于植株结实及根部生长。1 年生苗 8 月份之前可适当追施氮肥，促进地上部分生长，生长后期以增施磷钾肥为主。

（3）疏花疏果　桔梗花期较长，单株开花数量很多，生产中不留种子的植株要在开花之前摘除花蕾，控制生殖生长，促进根部生长及贮藏营养物质，达到增产目的。近年来有报道，在桔梗盛花期时喷施浓度为 0.1% 的 40% 乙烯利溶液，每亩 75~100千克（需 40% 乙烯利原液 200~250 毫升），疏花和疏果的效果显著。

此外，桔梗在生长后期，尤其是在高温多雨季节，要注意田间排水，防止田间因积水造成烂根，影响产量。

（三）病虫害防治

在全部栽培过程中桔梗的病虫害不是太多，对生产的影响不是十分严重，栽培时应根据当地的具体自然条件情况，及时发现与防治。

1. 虫害

一般在 5 ~ 6 月份干旱季节常见有蚜虫为害幼嫩茎叶，可以用速灭杀丁液（配比按说明书）喷施。地下害虫有地老虎、蛴螬等为害根部，可用敌百虫农药作毒饵诱杀。

2. 病害

为害叶片的病害主要有轮纹病、斑枯病，多在 7 ~ 8 月份高温多雨季节发病，主要症状是受害叶片呈现同心轮纹的近圆形病斑，直径 5 ~ 10 毫米，病斑呈褐色；或叶片出现灰白色圆形或近圆形病斑，严重时叶片枯死。上述两种病害在发病期可用 500 ~ 1 000 倍液的代森锰锌、退菌特、多菌灵等农药喷雾防治。

为害根部的主要病害有根腐病、紫纹羽病，多在 8 ~ 9 月份高温多湿季节发生，主要症状是根部腐烂，全株枯萎死亡；或受害根部变成红褐色，根皮密布网状红褐色菌丝，根内形成紫色菌核，根部腐烂，发病主要原因是田间排水不好，土壤中水分过高引起。

此外，有些地区发现有根结线虫病。主要症状是根结线虫寄生于根部，使细胞分裂加快，形成大小不一的瘤状物，植株生长衰弱，地上茎叶早枯，影响根的产量和质量。该病防治措施，主要是改善土壤条件，减少病原线虫，发病期喷洒 80% 二溴氯丙烷或石灰氮土壤消毒。

上述各种病害应该及时采取综合的农业防治措施。按生长习性选择良好地块栽培；雨季注意排水，防止田间积水；不要连作，应与豆科或禾本科作物轮作；秋收后清洁田园，烧掉残存茎叶，减少越冬病原；加强田间管理，苗田植株密度保持适中，发现病株及时拔除烧毁，病穴用石灰水消毒。

（四）采收与加工

1. 药用部分采收

栽培的桔梗一般在生长两年之后采收，采收季节以秋季为好。9月中下旬至10月上旬当地上部分停止生长，茎叶开始枯萎时即可采收。采收时间过晚，根皮不易剥掉。采收时先除去地上茎叶。将根细心地挖出，去掉泥土，用刀片或竹刀刮去表皮。采收后应当及时剥去表皮，放置时间过久剥皮困难，剥去表皮的桔梗在阳光下晒干或在60℃左右条件下烘干。生长正常的2年生桔梗，每亩可收鲜根1 000～1 600千克，多者可达2 000千克以上，折干率25%左右。加工后的桔梗以根条肥大坚实，外表白色或黄白色，长度不低于7厘米，无须根及杂质，味微甜而后苦者质量为佳。

2. 种子采收

1年生桔梗结实很少，种子质量较差，多不采收种子。2年生以上的桔梗开花结实多，成熟饱满，可以采收留种。8月下旬至9月下旬种子先后成熟，可分批把外表变成黄色、果瓣即将开裂的果实带果柄剪下，晒干后脱粒。除去果皮，将种子在低温、通风、干燥处贮存。桔梗的花期较长，种子成熟时间早晚不同，要随熟随采，防止果瓣自然开裂种子落地。

五、柴 胡

柴胡别名北柴胡，为伞形科柴胡属多年生草本植物。根供药用，具有解表和里、升阳、疏肝解郁等功能。多用于治疗感冒发热，寒热往来，上呼吸道感染、胆道感染等疾病。

（一）生物学特性

1. 种子幼苗生物学特性

柴胡的花期和果期时间较长，种子成熟早晚不一。单株结实多者达1.4万粒。成熟的种子呈棕褐色，千粒重1.8～2.0克，正常发芽率40%～50%。适宜的发芽温度18～25℃，低于10℃不萌发，以20℃发芽最适宜。种子寿命为1年，常温下贮存1年后几乎全部失去萌发能力。适宜条件下田间播种20～25天出苗。实验证明，用3%的双氧水浸种24小时，出苗率可提高到67%。

刚出土的幼苗只有2片子叶，呈披针形，长约1厘米，25～30天之后长出真叶。幼苗生长缓慢，出土2个月后有5～8片真叶，高10～15厘米，但根系较发达，当年生幼苗多数只长丛生叶，8月中旬以后个别植株抽薹开花，但果实很少成熟。幼苗的适应性较强，耐阴、耐干旱、耐秋季的低温和早霜。

2. 生长习性

野生柴胡主要分布在东北、华北、内蒙古及华东等省区，多生长在阔叶林及稀疏的针阔混交林的林下、林缘，尤其在柞树林中较多，有些生长在干燥的山坡、灌丛及草丛中。土壤多为壤土、沙壤土，土壤pH值为5.5～6.5。柴胡对土壤、气候要求不严格，喜温暖湿润冷凉气候，抗严寒，较耐干旱，忌高温多雨，怕低洼积水。适宜中性或偏酸性的壤土或沙壤土中生长。

(二) 栽培技术

1. 选地整地

种植柴胡应当选择阳光充足、排水良好的含腐殖质多的壤土或沙壤土地。黏土、低洼易涝地及盐碱地不适宜种植，在山区可以利用撂荒地或新开垦的山坡地或利用果园幼树行间空地种植，前茬以豆科或禾本科作物为好，选地后每亩施充分腐熟的农家肥2 000～3 000千克，深翻30～40厘米，打碎土块，整平地面后做畦，畦宽1.2米、畦高20～25厘米，长度根据地势情况安排，也可垄作。

2. 繁殖方法

柴胡主要用种子繁殖，一般多采用直接在田间播种，有的地区先育苗，再移栽田间。

（1）常规种法　播种：春秋两季均可播种，春播宜早，3月下旬至4月上旬播种，秋季播种时间是10月下旬至结冻之前，秋季播种出苗早，苗全。播种前先将种子用30～40℃温水或3%的双氧水浸种24小时，晾去种子表面水分，待种子互不粘连时即可播种。先在畦面上按行距20～25厘米开沟，沟深3～4厘米，踩好底格将种子均匀撒在沟内，覆土1～2厘米，播后稍加镇压，每亩用种子2.0千克左右。如育苗要多下些种。

育苗：可做成平畦或高10厘米的高畦，施足底肥，按行距10厘米开沟条播，或在畦面上撒播，播种后盖过筛细土1～2厘米，上覆一层稻草或农用塑料薄膜保温保湿，幼苗开始出土时除去覆盖物。育苗田要经常松土、除草，干旱时及时浇水，苗高6～8厘米时可以进行移栽，移栽行距20厘米，株距10厘米，每穴栽1～2株，栽后浇水，并加强管理。

（2）种植新方法　改变种植季节：柴胡种子小，发芽慢，覆土要浅，在适温条件下需要20～25天才能出苗，而且需要适宜的湿度。春播很难出全苗，特别是北方春季严重干旱，出苗更加困难。而将播期安排在夏、秋降雨季节播种，此时温度较高、土壤湿度好，播后可保证全苗。

改变种植方法：采用套种的方法可提高柴胡的出苗率。柴胡可与小麦、玉米、大豆等作物套种。小麦成熟前30～40天，先浇水后套种柴胡；或者当玉米、大豆等作物高30厘米左右时，锄草后，播种柴胡。以上方法播种后，由于作物的存在，不仅能减少水分的蒸发，而且能为柴胡起到遮阴作用，从而提高柴胡的发芽率。当年可收获农作物，第2年柴胡单独生长。套种前的农作物可根据需要调整株行距。

覆盖草和树叶法种植：春播柴胡种后覆草或盖树叶，出苗后，轻轻松土、除草，苗齐后，去除盖草或树叶。可在 10 月下旬至结冻前播种，第 2 年春天保墒好、出苗早、苗全。

温水浸种催芽，适时播种：用 30～40℃的温水浸种 1 天，除去浮在水面的瘪粒，用 1 份种子 4 份细湿沙混合，20～25℃下催芽 10～20 天。当有 30%～40%种子裂口后，筛去细沙即可播种。采用此法适于 4 月份春播，墒情好时采用。播后最好盖草或树叶。

3. 田间管理

柴胡幼苗生长缓慢，此时各类杂草生长较快，应经常松土除草，保证幼苗正常生长。2 年生柴胡多数抽薹开花，生长旺盛，增强了对杂草的抵抗力。苗高 5～7 厘米时结合除草适当间除过密的幼苗，株距按 7～10 厘米留苗。7～8 月份每亩追施磷酸二铵或复合肥 15～20 千克，促进幼苗快速生长。雨季应注意田间排水，对于 2 年生苗，雨季之前结合除草向根部适当培土，防止倒伏。2 年生苗在蕾期不留种子的植株应逐次摘除花蕾，以利根部生长。1 年生苗在入冬之前、地上部分枯萎之后适当向畦面上培土，以利越冬及第 2 年春季返青。

间种玉米可在柴胡播种之后，在畦面两侧（作业道边）按株距 40～50 厘米穴播玉米，可适当为柴胡遮阴。

（三）病虫害防治

1. 斑枯病

病害症状：叶片、茎秆均受害。叶部产生直径为 1～2.5 厘米的近圆形、椭圆形、半圆形小病斑，边缘紫褐色，稍隆起，中部黄褐色、灰褐色、后变灰白色。叶片两面的病斑上均可产生黑色小颗粒，有些病斑至叶尖向下扩展呈现"V"字形，有些沿叶缘发生，造成中脉一侧枯死。发病严重时，病斑相互会合，引起叶片枯死。

发病规律：病菌以菌丝体和分生孢子器随病残体在土壤中越冬。来年春天，分生孢子借风雨传播进行初侵染。有再侵染。病害多在高温多雨季流行，8 月份为发病盛期。

防治技术：

①耕作栽培措施收获时认真清除病残组织，集中烧毁或深埋；与麦类等其他作物实行 3 年以上轮作。

②药剂防治发病初期喷洒 50% 多菌灵可湿性粉剂 600 倍液、70% 甲基硫菌灵可湿性粉剂 700 倍液、10% 世高水分散颗粒剂 1 800 倍液及 78% 科博可湿性粉剂 600 倍液。

2. 锈病

病害症状：主要为害叶片和茎秆。初期叶片及茎秆上产生少量椭圆形锈斑，后扩展至全株茎叶，叶片两面产生孢子堆。

发病规律：病菌冬孢子在种子上或随病残组织在田间越冬。来年条件适宜时萌发侵染，以夏孢子进行再侵染，病害多在 5 ~ 6 月份发生，高温、高湿时发病严重。

防治技术：

①收获后认真清除病残组织，集中烧毁或深埋。

②药剂防治发病初期喷施 15% 三唑酮可湿粉剂 1 000 倍液、12.5% 特普唑（速保利）可湿性粉剂 2 000 倍液和 80% 新万生可湿性粉剂 500 倍液等。

（四）采收与加工

采用种子繁殖生长 2 年即可采收入药，一般在 10 月上中旬，先割去地上茎叶，将根挖出，剪掉残存茎基，去掉泥土，晒干或烘干，烘（晒）至七八成干时，将药材理顺取直，捆成小把，再晒至全干，折干率约 30%。以根长、质干、无杂质、无虫蛀、残茎少或不超过 1.0 厘米，色泽为褐黄色者为佳。

六、黄 芩

黄芩，唇形科黄芩属植物黄芩的干燥根。黄芩有清热燥湿、泻火解毒、止血安胎功效。主治肺热咳嗽，血热妄行、湿热下痢、胎动不安、动脉硬化、高血压、神经紊乱等病症。

（一）生物学特性

喜光照和温和性气候。耐旱、耐寒、耐高温、怕水涝。幼苗怕旱，成株怕涝。在 35℃ 高温下能正常生长。-30℃ 严寒能正常越冬。适宜在中性或偏碱性、土质疏松肥沃的土壤中生长。种子千粒重 1.5～1.7 克，发芽率 65%～75%，种子寿命 1～2年。地温在 15～18℃，并有足够湿度的条件下，播种后 10 天左右出苗，3～5 天就可出齐。第 1 年生长缓慢，7 月初开花，花期可延续 2～3 个月，果实 8 月下旬陆续成熟。凡在 5 月下旬以前播种的，当年能开花结果，收到成熟种子。7 月末前播种的，虽能开花，但难以收到成熟种子。9 月上旬前播种的，当年能出苗。迟于 9 月播种的，第 2 年春天才能出苗，但出苗时间要比当年春播的早。4 年生以上，根头中心逐渐枯朽。鲜货折干率以 9 月中旬最高。主要有效成分黄芩苷含量以 8 月末为最高。除种子外，黄芩枝条和带芽根头也能发育成新株。

（二）栽培技术

1. 选地整地

选择阳光充足、土层深厚、排水良好、地下水位较低、疏松的沙壤土或壤土栽培。选地后翻耕 30 厘米深，整平、耙细。做

1.5 米宽的平畦或按 30 厘米行距开垄种植。结合整地，施足基肥。每亩用充分腐熟的厩肥或圈肥 3 000～4 000 千克、草木灰 500 千克、磷酸二铵或复合肥 20～30 千克，混匀整细后匀施地表，而后翻耙土地。

2. 种植方法

主要用种子繁殖，也可以用扦插和分根方法繁殖。

种子繁殖 又分为种子直播，即播种后不经过移栽直接收获产品和育苗移栽两种生产方式。黄芩虽然春、夏、秋皆可播种，生产中则多采用春播和夏播。

（1）种子处理 黄芩种子小，发芽率较低，播干种往往出苗不齐。为保全苗，播前进行种子处理。用 40～45℃温水浸种 5～6 小时，使充分吸水后捞出。如种子数量小，可装于纱布袋或编织袋中，置室内温暖处保温保湿。每日以 40℃温水反复冲洗 1～2 次。待半数种子萌动（现白点）时，拌种子体积 2 倍量细河沙播种。拌沙主要为控制播种量和方便操作。如种子量大，浸后拌种子体积2～3 倍潮湿细河沙，堆积室内墙脚处。堆底和堆上覆湿编织袋片或麻袋片，堆高以 30 厘米左右为宜。每天均匀翻拌 1～2 次，拌后重新堆盖好。如发现堆中偏干，要及时淋水，保持潮湿。见有半数种子萌动，即可播到田中。

处理后的种子一定要播在潮湿的土壤中，土壤水分不足，极易造成芽干损失。

（2）种子直播 4 月上旬进行。在平畦中顺畦按 20～25 厘米行距，开深 2～3 厘米小沟，均匀播入种子后，覆土 1 厘米厚，镇压。垄播者，在平整好的地块上，用小铧犁按 30 厘米开垄播种，覆土 1 厘米厚，镇压。

（3）春育苗夏移栽 做宽 1～1.5 米、长 5～8 米的平畦。在畦中按 10 厘米行距，横畦开 3 厘米深小沟，播入种子，覆土 1 厘米厚，稍加镇压。或撒播，从畦中间将 1～1.5 厘米厚的畦表细土刮向畦的两侧，将种子均匀撒于畦面，然后将刮到两侧的细土再刮回覆盖种子，稍加镇压。播后畦面罩盖农用塑料薄膜，增温保湿。苗出齐后除去盖膜。苗高4厘米左右及时疏去弱苗。条播按5厘米株距定苗，撒播者将株距定为6~8厘米。每亩播种量1.5~2千克。

6月下旬至7月上中旬将苗挖出，移栽到大田。畦栽，在平畦中顺畦开沟栽植。行距25厘米，株距10厘米。如行距20厘米，则株距15厘米。垄栽，按行距30厘米开垄，垄沟内每隔6~8厘米栽苗1株。苗根要直栽于畦沟垄中，覆土封实，根头部要略低于地表。每亩苗可移栽大田10~12亩。移栽最好于阴天或午后进行。栽苗的大田土壤应有足够湿度，黄芩苗应随挖随栽。

(4)夏育苗、春移栽 育苗于7月上中旬，正是北方高温多雨期，多利用小麦茬。播种后畦面不覆盖塑料薄膜。播种后至出全苗要注意保持土壤湿度。自然越冬。第2年4月上旬移栽。育苗及移栽操作与春育苗夏移栽相同。夏育苗春栽，栽植当年秋季即可收获，而且产量高，质量优，值得推广。

(5)扦插繁殖 扦插繁殖选地要选土层厚、光照足，尤其要有灌溉条件，整地要细。5~8月份均可进行，但多在6~7月份。只要土壤湿度适宜，20~35℃的温度最有利于插条生根。18℃以下则生根缓慢，长达半个月之久。生根后有较强抗旱力，能自然越冬。地块受树木等荫蔽，阳光不足则生根晚，长势弱，易死亡。扦插后如无落叶回苗现象，10~30天能开花，并能采到部分种子。

防治方法：剪取旺盛植株上的绿色枝条。枝尖往下按顺序剪出上、中、下3部分，每段长5~7厘米，分别用ABT2号生根粉配好的药液处理1小时后立即扦插。在整好的平畦中，按20厘米行距开沟，在沟中每隔8~10厘米插1个处理好的枝条。按入土深度3厘米左右将沟土封实，立即浇透水，并在半个月内保持土壤湿润，地表不干裂。最好于清晨操作，随剪枝、随处理、随扦插。尽量保持枝条剪口新鲜、叶面湿润。成活率在 50% ~ 95%。第二年秋季即可收获。

（6）分根繁殖　在 3 月末 4 月初尚未萌芽时进行。挖出生长 3 年的黄芩全根，切下主根加工做药。将无病害并比较完整的根头用刀顺劈成小块，每块带有 8 个以上芽眼。立即用 ABT2 号生根粉配成的药液处理 1 小时，捞出稍晾，再按行距 30 厘米、株距 10 厘米开沟栽于大田，覆土 3 厘米后，稍加镇压，浇水。只要土壤潮湿，土温正常，20 天左右出苗，成活率高达 95% 以上。分根繁殖法省去了育苗过程，生长 2 年即可收获。管理措施同直播田。

3. 田间管理

（1）合理追肥　黄芩喜肥，为保证满足黄芩整个生长期中的营养需求，除施足基肥外，合理追肥尤为重要。无论基肥和追肥，不可偏重氮肥，以免造成地上贪青徒长且易染病害，影响根的产量。进入 2 年生后，每年春季化冻后返青前，在行间开沟 10 厘米深，每亩于沟中追施充分腐熟的优质厩肥或圈肥 1 000 ~ 2 000 千克，施后覆土盖平。6 月上中旬黄芩进入生长代谢旺盛期，需肥量较大，每亩应于行间开沟追施磷酸二铵 50 千克，施后覆土。6 月末抽穗前开始叶面喷施钾肥，既可抑制地上徒长，又能促进根部膨大，可取得 10% ~ 15% 的增产效应。每亩喷 0.5% 磷酸二氢钾溶液 100 千克，隔 8 ~ 10 天再喷 1 次，前后喷 2 次即可。叶面喷肥最好在下午 4 点后进行。

（2）适时浇水　有灌溉条件的，除播种、栽植必须浇水，保持土壤湿度外，小苗定苗后应连续浇水 2 次，以促进根部下扎。易春旱地区应结合追施农家肥浇返青水。追化肥和遇严重干旱应及时浇水。只要不是特别干旱的地区、地块，无灌水条件也可种植。雨季要使田间排水通畅，防止积水烂根。

（3）松土除草　浇水和大雨后，应及时松土、除草，保持表土疏松和田间无杂草。垄作的应于封垄前进行中耕。封垄后及时拔除田间杂草。

（4）打顶　除采收种子的田块外，抽穗期及早将花穗剪除，以减少养分消耗，促进根部生长。

（三）病虫害防治

1. 病害

（1）叶枯病多发生在高温多雨季节，为害叶片。被害叶由叶尖或叶缘向内伸延，呈不规则的黑色病斑，致使叶片枯死脱落。

发病初期用50%多菌灵800~1 000倍液或1：1：150波尔多液喷雾，7~8天1次，连喷2~3次。冬季清除病株，集体烧掉，消灭越冬病菌。

（2）根腐病也叫烂根病，为生理性病害。多发生在低洼积水地和生长3年以上的植株。往往先在根头部变黑，进而向全根发展，变黑腐烂，根组织被破坏，地上茎叶干枯。

发病初期用1%硫酸亚铁溶液浇注病穴消毒。雨季注意排水，及时中耕、松土，防止土壤长时间含水过多。

2. 虫害

主要是地下害虫蛴螬、地老虎等为害根部。防治方法：可用辛硫磷在播种和栽苗前进行土壤处理或诱杀。一定使用充分腐熟的农家肥，防止将害虫带入田间。

（四）采收与加工

用种子繁殖的生长2~3年，扦插和分根繁殖的生长2年，于9月末10月初选晴天采收。先割除地上部分，再将根全部挖出，去掉残茎，趁鲜或晒3~4成干后撞去栓皮，晒干，去净须根即可。晾晒中严防水湿雨淋。淋水后的黄芩根由黄变绿，由绿变黑，内部成分发生变化，严重影响质量，甚至不能药用。经撞皮加工后条粗、色正、内部坚实者称为条芩，质优。经撞皮加工后呈枯心或破开呈片状者称枯芩，质次。人工栽培，适时采收，加工后基本没有枯芩。每亩可收获成品黄芩 250~350 千克。

七、防 风

防风，为伞形科植物防风的干燥根部，多年生草本。以根入药。有解毒发汗、祛风除湿止痉等作用。治疗风寒感冒、头痛发热、关节痛、风湿痹痛、破伤风、四肢拘挛、皮肤瘙痒、目赤肿痛等症。商品以东北、内蒙古自治区东部所产的最驰名、品质最佳，称为"关防风"、"东防风"。内蒙古自治区西部、河北产的称为"口防风"。

（一）生物学特性

野生于草原，丘陵地带的山坡灌丛、林缘或田边路旁。耐寒，耐旱怕涝，喜阳光充足凉爽的气候条件，土壤以疏松、肥沃、土层深厚、排水良好的沙壤土为好。

防风为深根植物，1 年生根长 13~17 厘米，2 年生根长 50 厘米以上，在草原黑钙质沙土上，防风主根发达，有时长度可达 100 厘米，根皮部呈灰白色至黄白色，风干后呈暗灰色，多纵皱，散生灰白色皮孔和疣状突起，易折断，木质部淡黄白色，皮部黄色。根具有萌生新芽并且产生不定根，即繁殖新个体的能力。采挖后残留在地里的根段可长出茎叶。利用这一特性可进行根插栽培。植株生长早期，以地上部茎叶生长为主，根部生长缓慢。当植株进入营养生长旺期，根部生长加快，根的长度显著增加。生长后期（8月份以后）为根部增粗生长为主；植株开花后根部木质化、中空，以致全株枯死。防风第 1 年只长根生叶，第 2 年多数植株开花结实。

防风种子千粒重 2.8 ~ 3.3 克，新鲜种子发芽率 60% ~ 80%，贮藏 1 年以上的种子发芽率显著降低，甚至丧失，不能做种。适宜的发芽温度 16 ~ 20℃。种子在 20℃ 时，约 1 周出苗；15 ~ 17℃ 时需半个月出苗。

(二) 栽培技术

1. 选地整地

应选地势高燥向阳，排水良好、土层深厚的土地种植。除利用平地、山坡地种植外，也可利用果树行间、幼林行间种植。整地时要深翻 30 ~ 40 厘米，做宽 60 厘米的垄或做宽 1 ~ 1.2 米、高 20 厘米的高畦。将土耕细耙平。要施足底肥，底肥以腐熟农家肥 2 500 ~ 3 000 千克、磷酸二铵 10 ~ 15 千克为宜。

2. 繁殖方法

(1) 种子繁殖　春、夏、秋均可播种。春播 3 月下旬至 4 月中旬。夏播可随时在小麦地及其他作物行间播种。秋季在霜降前后 (地封冻前均可)，当年不出苗，第 2 年春出苗。

春播的，如墒情好时，播前将种子用清水浸泡 24 小时取出拌细沙，然后催芽 (20 ~ 25℃)，待幼芽开始萌动时即可播种。如墒情不太好时，种子不必处理，可干播。播种时，在整好的垄上或畦内按行距 30 厘米左右，开 2 厘米深的浅沟，将种子均匀撒于沟内覆土盖平稍加镇压。干播的种子镇压要实一些。地干旱时浇水。每亩用种子 2 ~ 2.5 千克。

(2) 根插繁殖　在早春或收获时取粗 0.7 厘米以上的根条，截成 3 ~ 5 厘米根段作插穗，按行距 30 厘米、株距 15 厘米开穴栽种，穴深 6 ~ 8 厘米，每穴垂直或倾斜栽 1 个根段，栽后覆土 3.5 厘米。栽种时应注意根的上端向上、下端向下，不能栽倒了，栽后浇水。也可先育苗，后定植。

育苗：将种根于冬季假植，惊蛰后，将防风根段剪成 3 ~ 5 厘米小段在育苗畦内育苗。畦的大小视种根多少而定。将剪好的防风根上端向上，垂直或略倾斜插于畦内，中间略有间隔即可。插完后，整平床面土，浇 1 次透水；在畦面上，横、竖放几根木杆，覆盖上塑料薄膜。如夜晚温度低，可在薄膜上再盖草帘子等物。薄膜四周用泥土封固。晴天暖和天气，揭去草帘，扫去草末，拍去薄膜内水珠，使阳光更多地射入畦内。约 1 个月，根段的上端就会萌生出不定芽来，此时可及时移栽。

3. 田间管理

（1）间苗定苗 夏秋播的，在春季化冻后，顺畦踏 1 遍。出苗后当苗高 5 厘米时按株距 7 厘米间苗，待苗高 7~10 厘米时，按株距 6~10 厘米去弱留强定苗。

（2）蹲苗 当苗出齐或苗返青后，经常浅松土。6 月份前需进行多次除草。植株封行时，为防止倒伏，保持通风透光，可先摘除老叶，向根部培土。入冬时结合场地清理，再次培土保护根部越冬。

（3）追肥 每年 6 月上旬和 8 月下旬，需各追肥 1 次，分别用人粪尿、磷酸二铵或堆肥，开沟施于行间。

（4）摘薹 播种当年一般不抽薹只形成叶丛，第 2 年抽薹开花。2 年以上植株，除留种外，发现抽薹应及时摘除。因抽薹消耗养分而影响根部发育并促使木质化，失去药用价值。

（三）病虫害防治

1. 立枯病

（1）病害症状 该病主要为害植株幼苗的根茎部，发病初期在根茎部先出现长条形黑斑，黑斑很快扩大并呈水渍状，此时病苗中午萎蔫，早晚恢复。之后随着病部不断扩大，根茎部和主根的部分表皮腐烂，病部凹陷缢缩。当病斑环绕根茎一周时，病株枯死。

（2）防治技术

①加强栽培管理：防风喜阳光充足的凉爽气候，耐寒、耐干旱，太潮湿的地方生长不良。基肥应多施充分腐熟有机肥及磷、

钾肥，以增强幼苗的抗病能力。生长后期防风已形成抗旱能力，不是特别干旱的情况下，一般不需要浇水，雨后一定要注意排水防涝。

②药剂防治：发病前或发病初期用50%甲基托布津800～1 000倍液，或50%多菌灵600～800倍液喷雾防治，每7～10天喷1次，连续喷2～3次。

2. 白粉病

（1）病害症状　该病主要为害防风叶片，前期受害叶两面形成白状斑，后期在粉斑上产生小黑点。

（2）防治技术

①清理病残体：冬前清除病残体，集中销毁，以减少田间侵染源。

②农业防治：与禾本科作物轮作；加强栽培管理，合理密植，搞好田间的通风透光，适当增施磷、钾肥，避免种植在低洼地。

③药剂防治：发病初期喷洒0.3～0.5波美度石硫合剂或15%粉锈宁800倍液，50%多菌灵1 000倍液，12.5%禾果利可湿性粉剂2 000～3 000倍液等。视病情隔7～10天喷1次，共喷2～3次。

3. 斑枯病

（1）病害症状　病斑发生于叶片两面，圆形或近圆形，直径2～5毫米，中心部分淡褐色，边缘褐色，后期病斑上产生小黑点（病菌分生孢子器）。

（2）防治技术

①清理病残体：冬前清除田间病残体，集中烧毁，减少越冬菌源。

②药剂防治：发病初期及时喷药，可用药剂有1∶0.5∶200的波尔多液、50%多菌灵可湿性粉剂500～1 000倍液等。

（四）采收与加工

1. 留种

应选择生长旺盛而无病虫害的 2 年生植株作留种用。为促进开花、结实饱满，要加强管理，如增施磷、钾肥，注意通风透光等。种子成熟后割下茎枝，搓下种子，晾干后装入袋内置阴凉处保存备用。

保留优良种苗，可在收获时选择生长健壮的根段边收边栽，进行原地假植育苗，待明春移栽定植用。

2. 采收加工

采收时间：秋季 10 月下旬至 11 月中旬，霜降至立冬；春季在萌芽前。春季根插繁殖的防风，在水肥充足，管理较好，生长旺盛的条件下，当年可收获。播种的防风，一般 2 年收获。

防风根部入土较深，根脆易折断。为防止折断，采收时须从垄或畦的一端开深沟、顺序挖掘。挖出后除净残茎和泥土，晒至半干时去掉毛须，再晒至九成干，按粗细长短分别扎成捆，再晒至全干，即可供药用。每亩可产干货 250～350 千克。折干率 25%～30%。

药材以根条粗长、皮细、柔润、无毛须、断面有菊花心者为佳。根含挥发油、甘露醇、酚类物质、多糖类及有机酸等。

八、党 参

党参，为桔梗科党参属多年生草质藤本植物。以根入药。具有补中益气、养血补肺、生津止渴功能。主治体倦乏力、脾胃虚弱，气血两亏、心悸气短。山西省是全国党参主产区，栽培品种中潞党参闻名全国。潞党参主产于山西省的长治、壶关、平顺、陵川、泽州和黎城。

（一）生物学特性

党参种子无休眠期，易发芽。党参根第 1 年主要以伸长生长

为主，可长到 15~30 厘米，根粗仅
2~3 毫米，第 2 年到第 7 年党参根以
加粗生长为主，特别是 2~5 年根的
加粗生长很快。如 2 年生的潞党参，
一般根长 25~30 厘米，根粗 5~8 毫
米，平均 10 支根重 50~60 克。8 年
以后进入衰老期，根木质化，糖分积
累减少。

　　党参的苗期生长缓慢，冬春播种
到夏季到来之前，一般可长至 10~15 厘米高。党参虽是缠绕性
草本，但第 1 年多呈蔓生，2 年生以后的植物才表现出缠绕的特
性。一般 1 年生党参苗可长到 60~100 厘米，2 年以后，党参地
上部分一般长达 2~3 米。秋季，党参茎基部根头上形成越冬芽，
是翌年茎的原始体。一般 1 年生党参可形成 2 个越冬芽，即第 2
年形成 2 个茎，以后几年可增加到 5~15 个茎。

　　党参较耐寒，喜冷凉的气候及夏季较为凉爽的地方。党参怕
炎热，在低海拔气温较高的地区种植，虽然能正常出苗生长、开
花结实，但在进入高温潮湿的夏季，就不能适应。温度在 30℃
以上党参的生长就会受到抑制，成片枯萎或根部腐烂死亡。9 月
高温期过后，大部分党参苗重新萌发，茎叶继续生长，但产量
不高。

　　幼苗期喜湿润，特别是出苗前，因种子细小，如表土干燥，
种子会因吸收不到水分而不能发芽出苗，或发生落干现象。在成
株期，对水分要求不高，应注意排水，防止烂根。

　　党参对光的要求严格，不同生长阶段对光的要求不同。

（二）栽培技术

1. 选地整地

　　党参根深，选择地势较为平坦、土层深厚、疏松、排水良
好、靠近水源的沙质壤土为好。山区宜选择排水良好、土层深厚

疏松的半阴半阳山坡地种植。熟地应选择背阳地，前茬是禾本科的谷类、玉米等作物，冬前深犁 1 次，播前每亩可均匀施入 2 000~3 000千克基肥，整细耙匀。轻黏土地可以采取适当改良措施，秋末冬初深翻地 30 厘米，掺入 1/3 表层土量的已过筛的沙子，施入畜肥作基肥，耙细整平。筑宽 1.2~1.5 米的高畦或平畦，畦长自定，四周开好排水沟。重黏土地或盐碱地不宜种植。

2. 栽植方法

生产上可采取种子直播法与育苗移栽法。种子直播法生产年限长 (3~5 年)，但质量好。育苗移栽生长周期相对较短，生产上多采用。在气候适宜、土质肥沃的地区可采用种子直播法，直播的优点在于缺苗率少，质量好；而育苗移栽地常会由于损伤根系，而引起根芽腐烂，导致缺苗。

(1) 种子直播

①播种期：春、夏、秋 3 季均可播种。春播在 3 月至 4 月上旬条播为好。夏播一般在 7~8 月份雨季前播种。秋播在土壤封冻之前完成。春播常因干旱而出苗不齐，而夏、秋播出苗率高，幼苗生长健壮。

②种子选择与处理：选择当年采收的饱满种子 (发芽率可达80%以上) 播种，隔年种子发芽率下降。播种前可进行适当的播前处理。具体方法是用 40~50℃的温水浸泡种子，边放入种子边搅拌，至手感觉不烫手时即可取出，用水淋洗数次，用湿沙保湿催芽，1 周后即可萌发。

③播种方法：种子与细沙混匀后，条播或撒播均可。撒播得要均匀，每亩用种量为 1.5~2.0 千克。播后用草木灰或堆肥作盖种肥，均匀覆盖畦面。为了适宜套种其他作物，往往在畦面上横开浅沟，行距 20~30 厘米，深 5~6 厘米，播幅 10 厘米，播种量可适当减少。行间套种玉米、小麦等。由于党参幼苗忌干旱、强光，玉米的遮阴起到保护党参幼苗的作用。可以加大种植

密度，以增加产量。

（2）育苗移栽

①整地：育苗苗床整地同春播法，要求苗床土质疏松，每亩播种量为2.5～3.0千克。每亩育苗地可移栽5亩地。播后注意保阴。苗较大时，可适当撤去遮阴物，保证充足光照。苗高5～6厘米时间苗，苗间距在2～3厘米。

②移栽：当年10月中下旬，冬芽停止生长前，选阴天起挖参苗，挖出的参苗最好当天移栽。

移栽前半个月将地整好。按行距20厘米、株距8厘米挖穴栽种，穴深15～20厘米，穴的大小可视参根的大小而定。北方冬季温度过低，为防冻伤参苗，应保证盖土超过根顶端芽头7～8厘米。当日来不及移栽的苗可将其放入土中假植（或湿沙中假植）。栽苗过程中勿使参苗浸水，以防腐烂。移植株距过去多为10厘米，由于党参根系喜下扎，因而可适当增加密度，株距可缩小到5厘米左右。

春季移栽参苗宜选择在芽开始活动前的3月上中旬进行。不管何时移栽，起挖参苗时都应注意勿伤根系及芽头，保证参苗完整，同时注意挑选生长健壮、无病虫害的幼苗。每亩约需苗栽25～30千克。

有些地区人力资源充足，也可考虑当年就起挖参苗，具体做法是：3月中上旬播种，5月上旬幼苗有5～8片绿叶时移栽，种子采收后的11月上旬采挖党参，既可获得一定的党参种子，又可以获得一定的党参收成，在土质肥沃、气候适宜的地区可以考虑采用。

堆土栽培党参可以减少劳力，保证质量。按前述整地的方法移栽即可。

3. 田间管理

（1）苗期管理　育苗地党参幼苗刚出土时可以结合间苗拔除杂草。拔草时注意勿将参苗带出。育苗地一般不追肥，以防参苗徒长。做好遮阴保湿工作，移栽前逐渐揭去遮阴物。

（2）施肥　栽植地在1个月前每亩施入基肥2 000～3 000千克，耕翻入地。生长期内多不追肥。在搭架前每亩可以浇1 500～2 000千克稀薄人畜粪水，促进地上部生长，以利引蔓上架。入冬前，可以结合防寒培土，施入堆肥1 000～2 000千克、过磷酸钙30～50千克，然后培土。第2年温度回升时推开培土促进苗返青。

（3）中耕除草　定植地在封行前注意拔除杂草，保证参苗生长的营养和环境。选择阴天或傍晚人工拔除杂草，注意勿带出参苗。种植密度稀的可中耕除草。秋季生长期也应除草1次，主要是人工拔除。

（4）支架　当苗高20～30厘米时，注意引蔓上架。每隔2～3株插一树枝引蔓上架，保证通风。厢栽的可搭成"人"字形架。

（5）灌溉和排水　党参忌涝，生长季应做好排涝工作，浇水应少量多次。

（三）病虫害防治

1. 锈病

症状：染病植株叶背发生黄褐色略突起的斑点。严重时叶片枯死，影响党参生长。一般华北、东北地区秋季发病较重。

防治方法：发病初期喷25%粉锈宁500～1 000倍液，每5～7天喷1次，连续喷2次。

2. 根腐病

症状：根腐病也称烂根病，多在2～3年生植株发病。发病初期，须根和侧根变黑褐色，随着病情发展，致使全株枯萎。该病在高温多湿的条件下发病较重。病原菌在土壤和病残组织上越冬。

防治方法：及时清理田园，清除残枝，消灭越冬病原菌；及时排水；发现病株及时拔除，病穴用生石灰消毒；发病期用

50%托布津800倍液浇灌病株。

3. 霜霉病

为害叶片，叶面生有不规则褐色病斑，叶背有灰色霉状物，常导致植株枯死。

防治方法：清理田园，将枯枝落叶集中烧毁；发病期喷施75%百菌清500～600倍液或甲霜灵500～800倍液，每7天1次，可喷3～4次。

（四）采收与加工

直播3～5年后收获，或移栽后2～3年收获，也有移栽1年后收获的。以白露前后半个月内收获的质量为最佳。收获时，先撤掉专架，清除田间残株落叶，挖取根部。采挖时，注意不要伤根，伤根汁液流出会影响质量。

将挖出的参根去掉残茎，洗净泥土，按大小分级晾晒。晒至发软时，理顺根条，放在木枝上，用手或木板揉搓后再晒，要反复揉搓3～4次，直至晒干。搓参时不要用力过大，否则会变成"油条"而降低质量。每次搓参后，必须摊晒，不能堆放，以免发酵而影响质量。搓过的党参根皮细、肉紧、饱满绵软，有利于贮藏。在正常情况下，每亩可产干货200千克左右。鲜干比为3∶1。

党参以根条粗壮，质坚实、油润，气味浓、嚼之渣少者为佳。

九、山　药

山药，为薯蓣科薯蓣属多年生缠绕草本植物。以块茎供药用，具有补脾养胃、生津益肺、补肾涩精、健脾止泻的功能。主治脾虚食少、久泻不止、肺虚咳嗽、慢性肠炎、慢性肾炎、肾虚、遗精、带下、尿频等症。山药在我国栽培历史悠久，既可药用又可食用，营养丰富，味美可口，深受欢迎。主产于山西、河南、河北、陕西等省。山西省的产量占全国总产量的60%以上。

(一) 生物学特性

山药怕寒，怕涝。在关内种植可安全越冬，关外种植冬季会发生冻害，可采用窖藏砂埋块根做种栽，第2年重新栽种进行繁殖。山药对气候条件要求不严格，凡向阳温暖的平原或丘陵地区，均可种植，生长良好。

(二) 栽培技术

1. 选地整地

宜选向阳、土层深厚、疏松肥沃、排水良好的沙质壤土地块进行种植。选好地后，要深耕土地。以秋末冬初翻耕土地为好，经过风化，翌年种植时土壤疏松，在栽种前，每亩施堆、厩肥4 000~5 000千克，均匀撒在地面上，再深翻50厘米左右，然后耙细整平，做成60~70厘米宽的大垄栽种。

2. 繁殖方法

山药的繁殖方法主要是以芦头繁殖为主，其次是用零余子繁殖，这两种方法应交替进行，单用任何一种都易引起退化。山药的栽培品种较多，主要是太谷山药和铁棍山药产量高、质量好，其次是大白皮、小白皮等。栽种时应根据当地的条件选育适合本地区的优良品种。

(1) 芦头繁殖　在秋末收获山药时，选取芽头饱满、茎短、粗壮、无分枝、健壮无病虫害的山药芦头为种栽，长15~20厘米，取下后晾4~5天使伤口愈合，防止感染腐烂。然后用湿沙贮存，在室内的一角或菜窖内，先铺1层湿沙，厚约15厘米，再铺15厘米的芦头，1层芦头1层稍湿的河沙，堆至60~90厘米，上盖1层河沙，再盖1层稻草或麦草即可越冬。一般室温保持在 5℃ 为好。待翌春化冻后栽种。贮存期间常检查温湿度，随时调节，直至翌年春季取出栽种。

（2）零余子繁殖（块茎繁殖）　山药茎叶枯黄时，于 10 月下旬左右，收摘零余子，选无损伤、无病虫害、大而圆的零余子，置于木桶内或室内，用干砂贮藏。翌春天气转暖栽种。做高畦或高垄，在做好的畦面上按行距 20 ~ 30 厘米开沟，每隔 10 厘米种 2 粒，覆土 6 厘米左右。栽种后浇透水，半个月便可出苗。当年秋季挖出根部，选无病虫害、健壮的小根为种栽贮存，方法同上。

3. 栽种

当翌春气温上升至 10℃ 以上时栽种。取出芦头和零余子繁殖的 1 年生小山药根，选健壮、无病虫害的种栽分别栽种。栽种时在畦面上按行距 30 厘米开深 10 厘米、宽 15 厘米的沟。种栽顺序卧放于沟内，头尾相接，株距 15 ~ 20 厘米，最后一个种栽应回头倒放。沟内每亩施混合肥 1 500 千克，之后覆土与畦面持平。每亩用种栽 5 000 ~ 10 000 个。合理密植可提高产量。

4. 田间管理

（1）中耕除草　当苗高 5 ~ 6 厘米进行第一次中耕除草，因苗小根浅，宜浅耕，以免伤苗，当苗高 10 厘米时进行第二次中耕，并进行间苗，零余子栽种的按株距 15 厘米定苗，苗高 30 厘米时进行第 3 次中耕，之后搭架封行不能进行中耕。

（2）追肥　山药是喜肥作物，结合中耕除草，每年追肥 2 ~ 3 次，第一次在苗高 15 ~ 20 厘米时，施稀薄粪水 500 千克催苗。第二次在定苗后每亩追堆、厩肥 1 500 ~ 2 000 千克、饼肥 50 千克，或施人粪尿水 2 000 千克。第三次封垄前，结合培土施厩肥 1 000 ~ 2 000 千克。

5. 立柱搭架

最后一次中耕，在每株旁插一支柱，可用细竹竿、柳条等，长 2 米左右，将两行相邻 4 根支柱上端捆紧固定，牢固不倒。然后引蔓上架，这样通风透光，茎、叶生长旺盛，显著提高产量。

6. 灌溉和排水

苗期春旱应及时浇水，7～9月份月旺盛生长期也应满足水分的供给，保持土壤一定的湿度，植株才能旺盛生长。雨季注意排水，预防烂根。

（三）病虫害防治

1. 褐斑病

症状：病原是真菌中的一种半知菌，为害叶片。雨季严重，被害叶片发病，叶面病斑褐色，呈不规则形，严重时，后期病斑穿孔。

防治方法：轮作；清洁田园，烧毁病残株；发病期可用50%的瑞毒霉1 000～1 500倍液喷雾防治。

2. 炭疽病

症状：病原是真菌中的一种半知菌。为害茎叶。染病叶片上有略下陷的褐色病斑，并具有不规则的轮纹。7～8月份雨季发病重。

防治方法：移栽之前用1∶1∶120波尔多液浸种，5分钟晾干栽种；收获后，清洁田园，枯枝落叶集中烧毁，消灭越冬菌源；发病前喷65%代森锰锌500倍液；发病后喷50%多菌灵1 000倍液。连续喷2～3次。

3. 蓼叶蜂

症状：幼虫为害叶片。幼虫黑色，是山药的一种专食性害虫。常密集在叶片背面取食叶片，严重影响产量。

防治方法：幼龄期用90%敌百虫800～1 000倍液喷雾。还有蛴螬、地老虎等。按常规方法防治。

（四）采收与加工

栽种当年10月中下旬，地上部枯萎时，先采收珠芽，后拆除立柱、割除茎叶，就可以采挖。采挖时，注意不要挖断，把顶部芦头取下作种栽，下部的块根装筐运回。

　　块根运回后，应趁鲜及时加工。将块根洗净，用竹刀刮光外面的粗皮，然后放入熏灶或熏箱中，用硫磺熏蒸 24 小时左右。当块根变软后，取出晒干或烘干。烤干或烘干时控制温度不能过高，以 50℃ 左右为宜，以免烘焦。产量为亩产干货（毛条）250 ~ 300 千克。折干率 20% ~ 30%；质量以身干、质坚实、粉性足、色洁白者为佳。

十、远　志

　　远志，为远志科远志属多年生草本植物。以根或根皮入药，具有滋阴生津、润肺止咳、清心除烦功能。主治热病伤津、肺热噪咳、散郁化痰、肺结核咯血等症。分布于东北、华北、西北、华东各地，主产于山西、吉林、陕西、河南等省。

（一）生物学特性

　　野生于向阳山坡、路旁、荒草地。株高 25 ~ 40 厘米，根圆柱形，较细长、微弯，整个株体长势较弱小。远志喜冷凉气候，忌高温。因根长可达 80 厘米，故较耐旱。但第 1 年幼苗生长缓慢，根可达 25 厘米，所以不耐旱，需湿润的土壤。2 年生以上的远志于 5 月中旬开花，一直到 8 月中旬仍有开花，其开花顺序是主枝花序在先，侧枝花序在后，再次为侧分枝，所以花期长。一般 6 月中旬至 7 月初成熟的果实，种子质量较好，而 7 月中旬以后开花结果的种子成熟度较差，或不能成熟。远志果实成熟后易开裂，种子散落地面。因此，应注意到八成熟时即采收种子。9 月底地上停止生长。远志以种子繁殖，种植 3 ~ 4 年后收根。

（二）栽培技术

1. 选地整地

栽培远志宜选向阳、排水良好的沙质壤土地块，其次是壤土及石灰质壤土。而黏土和低湿地不宜种植。

选地后，要在选好的地上进行包括翻耕、镇压、平整、做垄做畦等土壤耕作。每亩施腐熟的厩肥或堆肥 2 500～3 000 千克，捣细撒匀，耕翻 25～30 厘米，整平耙细，做成 1 米宽的平畦，以便于灌溉和排水。

2. 繁殖方法

（1）种子特性及播前处理　远志种子发芽率 50%～60%，而且发芽时间很不整齐。播种后，温度在 15～18℃，有足够湿度时，10～15 天出苗。田间出苗率在 22%～41%。生产上直播或育苗移栽均可。

（2）远志的直播　远志一般采用种子直播，种子发芽最适温度是 25℃，所以播种不宜过早，以 4 月中下旬为宜。播种时，在整好的平畦上，按行距 20～30 厘米开约 2 厘米浅沟，条播，种子均匀撒于沟内，或按行距 20 厘米，株距 15 厘米，开穴点播，每穴播种子 4～5 粒，播后盖约 1 厘米厚薄土，稍加镇压，并盖草，浇水。如不盖草，最好在播种沟内盖 1.5 厘米厚的细沙，更应常浇水，保持土壤湿润，播种后约 15 天开始出苗，每亩用种量 0.75～1 千克。秋播于 10 月中下旬或 11 月上旬进行。秋播的在次年春季出苗。远志出苗后，要逐渐揭去盖草，因刚出土的小苗非常细弱，如一下子把草全部揭掉，小苗就会被晒死。所以，不宜一次揭完，应分 2～3 次揭完。最后还要留一些草，稀稀地覆盖在地里。

（3）育苗栽植　在旱地栽种远志，应采用育苗移栽的方法。于 3 月上中旬，在苗床上条播育苗；按行距 15 厘米开沟播种，播后覆土 1 厘米。保持苗床潮湿，苗床温度在 15～20℃ 为宜。播种后 10～15 天出苗，苗高 5～6 厘米时，即可定植，定植应选择阴雨天或午后，按株行距（3～6）厘米×（15～20）厘米定株。

远志育苗，用农膜覆盖，育苗期可提前到 3 月上中旬。按行距 10 厘米开浅沟条播，覆土 1 厘米，播后浇水，盖膜，一般 10 天左右出苗。远志幼苗细弱，除怕暴雨外，最怕气温忽高忽低。所以，提早播种一定要采用农膜覆盖，当苗高 2～3 厘米时，可将农膜去掉，随即喷水，保持土壤湿润。苗高 4～5 厘米时进行间苗，按 2～3 厘米的株距留下壮苗，6 月份以后如遇阴雨天气，即可移栽，行株距为 25 厘米×6 厘米。

（4）根繁殖　选择无病害、色泽新鲜、粗 0.3～0.5 厘米短根于 4 月上旬开始下种。在整好的地内，按行距 15～20 厘米开沟，每隔 10～12 厘米放短根 2 节或 3 节，然后覆土。

3. 田间管理

（1）查苗、补苗　远志苗出土后检查一遍，发现缺苗及时进行补苗。补种：先开浅沟，浇足水，待水渗后再下种，覆土 1.5～2 厘米厚，用草或地膜覆盖，苗出土后去掉覆盖物。移栽：在密处取苗，带着"老娘土"，随栽随剜苗，在下午或阴雨天进行，浇足水，用树枝、柴草之类给予临时性遮阴，能增加成活率。

（2）中耕除草　远志植株矮小，在生长期须勤松土除草，松土要浅。用耙子浅浅地均匀地耧松地面，将草除掉，连耧两遍，保持土表疏松湿润，避免杂草掩盖植株。

（3）间苗、定苗　间苗、定苗结合松土除草进行。用种子直播的，如果出苗较多，为避免幼苗、幼芽之间互相拥挤、遮阴，争夺养分，要拔除一部分幼苗，选留壮苗，使幼苗、幼芽保持一定的营养面积，使植株能正常生长。间苗宜早不宜迟，避免幼苗由于过密，生长纤弱，而易倒伏和死亡。间苗次数可视种植情况而定。远志种子细小，间苗次数可多些，如果只进行一次间苗就按行株距定苗，因幼苗常常遭受病虫侵害，造成缺苗。当远志苗高 3~6 厘米时，按株距 5~7 厘米定苗，间去小苗、弱苗和过密苗，如有缺苗，可用间出的好苗补上，并浇水保苗。

（4）灌溉和排水　远志虽喜干旱，但在种子萌发期、出苗期和幼苗期，抗旱力差，一定要注意适量浇水，否则幼苗会因缺水而旱死。定苗后不宜浇水过多，以利根往深处生长，提高抗旱能力。成株以后抗旱力增强，不必多浇水，除久旱无雨需浇水外，一般不浇。雨季还要注意清沟排水，防止田间积水，以免因涝而烂根死亡。一般可结合施肥浇水，浇后要及时中耕，可使土壤疏松透气，并保持有适度水分。

（5）合理施肥　远志株型不大，叶较细小，根也细长，所以需肥量较少。因此，第 1 年无需追肥，2 年以后的远志在生长期间需适当追肥。每年春季返青前施 1 次厩肥，每亩 800 千克，返青后施稀人粪尿 800 千克或尿素 1~6 千克，6 月份再施 1 次腐熟饼肥 40 千克。或在春季发芽之前每亩追施鸡粪或骡马粪1 000 千克、草木灰 500 千克、磷酸二氢铵 30 千克。每次施肥都要开沟，施后盖土浇水。每年的 6 月中下旬或 7 月上旬，是远志发育旺盛时期。此时每亩喷 1% 硫酸钾溶液 50~60 千克或 0.3%磷酸二氢钾溶液 80~100 千克，隔 10~12 天喷 1 次，连喷 2~3次。一般在下午 4 点以后进行，效果最佳。喷施钾肥能增强远志植株的抗病能力，并能促进根部的生长膨大，有显著的增产效果。

（6）覆草　远志播种后，由于种子发芽慢，时间长，或因种子细小，覆土较薄，土面容易干燥而影响出苗，在这种情况下，常常需要用草覆盖。远志生长 1 年的苗在松土除草后或生长2~3 年的苗在追肥后，行间每亩覆盖麦糠、麦秕之类 800~1 000 千克，连续覆盖 2~3 年，中间不需翻动。覆盖柴草增加土壤中的有机质，具有改良土壤、保持水分、减少杂草的综合效应，为远志生长创造了一个良好的生态环境。

（7）间作与遮阴　远志属耐荫植物，可以在幼树果园里套种，也可以与其他作物间作。如果在裸露田里种植远志，当年的幼苗需适当遮阴，尤其在 7 ~ 8 月份应稍加遮阴才能发育良好。否则，强光直射，幼苗生长受到抑制。

（三）病虫害防治

1. 病害

远志根腐病

症状：病株根部至茎部呈条状不规则紫色条纹，病苗叶片干枯后不落，拔出病苗根皮一般留在土壤中。

防治方法：早发现早拔掉，将拔掉的病株集中烧毁。病穴部位用 10% 的石灰水消毒，或用 1% 的硫酸亚铁消毒。发现初期也可用 50% 的多菌灵 1 000 倍液进行喷洒，隔 7 ~ 10 天喷 1 次，连喷 2 ~ 3 次。

2. 虫害

蚜虫、豆芜菁等

症状：成虫 6 月下旬至 8 月中旬出现为害，8 月最严重。9 月下旬至 10 月上旬数量渐少。成虫白天活动，在枝叶上群集为害，喜食嫩叶，也能取食老叶和嫩茎。

防治方法：蚜虫用 40% 乐果乳剂 2 000 倍液喷杀，连喷 2 次，相隔 7 ~ 8 天。豆芜菁用 0.005 ~ 0.01 毫升/升的"敌杀死"喷杀，每 5 ~ 7 天喷 10 次，连喷 2 次即可。

（四）采收与加工

远志播种后 2 ~ 3 年收获，以生长 3 年的产量高、质量好。采收期可在秋季回苗后。采收时待远志叶枯萎后，去掉地上部分，将鲜根挖出，并除去泥土和杂质，趁水分未干时，把粗的根条趁鲜用木棒敲打，使其松软，晒至皮部稍皱缩，用手揉搓抽去木心，再晒干即可，或将皮部剖开，除去木部。抽去木心的大者为远志筒，较小的为远志肉（包括敲破的碎根皮），最小的根不去木心，直接晒干的称远志棍，3 者均供药用，但价格不同，以大者为优，价高，每亩可收远志筒 45 千克以上。细叶远志地上部分称小草，也作药用。

十一、知　母

知母，为百合科知母属多年生草本植物。以根茎入药，具有滋阴清热降火、生津润燥滑肠功能。主治内热消渴、肺热咳嗽、大便燥结、肠燥便秘、小便不利。主产于山西、河北、内蒙古。

（一）生物学特性

知母原野生于海拔200～1 000米的向阳山坡、山地、丘陵及固定沙丘上，常与杂草成片混生。适应性较强，喜温暖，耐寒，耐旱。在疏松、肥沃、含腐殖质较多的壤土或沙质壤土地生长较好，也可在土层深厚的山坡荒地种植。在中性土壤中栽培，长势旺，产量高。种子在平均气温13℃以下全部发芽需1个月，18～20℃则需10天左右。种子寿命短，隔年发芽率由80%～90%降为20%～30%。

（二）栽培技术

1. 选地整地

选择排水良好的沙质壤土和富含腐殖质的中性土壤为宜。在选好的地块，每亩施腐熟的厩肥2 000千克及草木灰，捣细，均匀地撒入地里。该地如属酸性土壤，则必须适当撒些石灰粉，以矫正酸度，也可多施些有机肥料或秸秆还田，以提高缓冲能力。底肥施足后，深耕25厘米，将肥料全部翻入底土中，耙细，整平。北方干旱地区，多做成90厘米宽的平畦，畦内耧平，畦埂宽、高各为10厘米，畦长自定。如墒情干旱，则先向畦内灌水，待水下渗、表土稍干松时再下种。

2. 繁殖方法

知母多用种子繁殖。近几年来，为了缩短生长周期，许多地方也采用分株繁殖法。

（1）种子繁殖

①采种：知母播种后第二年开始抽生花茎，2 年生植株只抽 1 支花茎，3 年生植株抽 5~6 支花茎，每支茎穗上的花数 150~180 朵，开花后 60 天左右果实成熟。采种要选用生长 3 年以上无病虫害的健壮植株。8 月中旬至 9 月中旬为果实成熟期，成熟时间不一致，且果实极易脱落。所以，在果实刚刚成熟时就应顺次摘取。采收后将种子搓出，簸净杂质，贮存待用。

②选种：试验证明，知母种子的发芽率并不高，前 1 年采收的种子发芽率为 40%~50%，故播种宜选用贮藏时间在 2 年以内的种子。

③催芽：在 3 月上中旬进行浸种，将种子用 60℃温水浸泡 8~12 小时，捞出晾干外皮，用 2 倍的湿润细沙拌匀，在向阳温暖处挖浅塘，将种子堆于塘内，盖土 5~6 厘米厚，再用农膜覆盖，周围用土压实。该种子适合发芽的温度较高，发芽早晚与当时的气温高低有关。平均气温在 13~15℃，25~30 天始萌动；气温在 18~20℃时，14~16 天萌发。待多数种子的胚芽刚刚伸出种皮时即可播入大田，亩播种量约 3 千克。

④播种期：知母秋播或春播均可，秋播在上冻前，春播在 4 月份。

⑤播种方法：在事先整好的畦面按行距 20 厘米开沟，沟深 2 厘米。将催过芽的种子按 1∶5 的比例与硫酸铵混合，然后均匀地撒入沟内，覆土盖平，稍加镇压，保持土壤湿润。只要墒情好，气温正常，10~20 天就能出苗。

（2）分株繁殖　知母的分株繁殖，宜在早春发芽前或晚秋植株进入休眠期后进行。将 2 年生的根状茎挖出，带须根切成段，每段带芽 2~3 个，按 5 厘米×20 厘米的株行距开沟定植，沟深 1~5 厘米。将切好的繁殖材料平放于沟内，覆土、压紧、浇水。晚秋栽植时，为能安全越冬，每株上面培土 6~7 厘米厚。翌年春将土堆扒平，以利新芽出土生长。为了节约繁殖材料，也可结合收获，将刨出的根状茎的芽头切下来当繁殖材料，进行分株繁殖。其根茎加工入药。

3. 田间管理

（1）间苗　在苗长到 4~5 厘米时进行间苗，去弱留强，株距为 5~6 厘米。土质肥沃、肥水充足，株距可为 4~5 厘米。合理密植是重要增产措施之一。

（2）中耕除草　定苗后，当苗高 7~8 厘米时进行松土除草。松土要浅，用锄浅浅地耧松地皮，以将草除掉为度。为了更好地保墒，可连锄 2 遍。

（3）施肥　知母是一种需肥量较多和吸收养分能力强的药用植物。氮肥、钾肥混合施用，增产效果明显。在整地施入基肥的基础上，每年 5 月和 7 月各追肥 1 次。每亩追人粪尿 1 000 千克，隔一周后，在追草木灰 100 千克；也可每亩追施饼肥 50~100 千克或尿素 10 千克，氮化钾 13 千克。秋末冬初亩施厩肥或堆肥 1 500 千克。结合培土以利知母越冬。追肥后有条件的可喷灌 1~2 次水。

（4）行间覆盖　有的地方对知母生长 1 年的苗，在松土除草后，或生长 2~3 年的苗在春季追肥后，每亩顺行间覆盖麦糠、麦秸之类杂草 800~1 000 千克。每年 1 次，连续覆盖 2~3 年，中间不需翻动。行间覆盖有改良土壤、保持水分、减少杂草的综合效应，为知母生长发育创造了一个良好的生态环境。

（5）摘薹　知母播种后翌年夏季开始抽花薹，高达 60~90 厘米，在生育过程中消耗大量的养分，为了保存养分，使根状茎发育良好，除留种者外，在开花之前一律剪掉花薹。

（6）叶面施肥　知母在春季 3 月下旬至 4 月上旬，平均气温 7~8℃时开始发芽，7~8 月份生育旺盛，9 月中旬以后地上部枯萎进入休眠。在每年的 7 ~ 8 月份生育旺盛时期，每亩叶面喷 1% 硫酸钾溶液 80 ~ 90 千克或 0.3% 磷酸二氢钾溶液 100 ~ 120 千克，隔 12 ~ 15 天喷 1 次，连喷 2 次。下午 4 点以后喷洒效果最佳。喷施钾肥能增强植株的抗病能力，并能促进根茎的生长膨大，能增产 8% ~ 12%。

（三）病虫害防治

1. 知母叶斑病

症状：叶斑病主要为害茎、叶。叶片受害后出现圆形病斑，微下陷，随着分生孢子的大量出现，病斑变为深褐色或黑色，严重时叶片枯死。茎部出现病斑后，茎秆变细。严重时腐茎倒苗而死。高温天气多时发病严重。

防治方法：选无病根状茎作种，种前根状茎用新洁尔灭或福尔马林消毒。及时疏沟排水，降低田间湿度，保持通风透光，增强植株抗病力。发病前后，喷 1∶1 波尔多液，或 65% 代森锰锌 500 倍液，每 7 天 1 次，连喷 3 ~ 4 次。并可兼治根状茎腐烂病。

2. 知母病毒病

症状：为全株性病害。受害叶片出现黄绿色相间的花叶，表面凹凸不平，并有黑色病斑，造成叶片早期枯死，植株生长矮小，严重时全株枯死。多由病毒侵染造成。无性繁殖发病重。

防治方法：选用抗病品种，选择无病母株留种。及时喷药，消灭传毒昆虫，如蚜虫、种蝇等。增施磷、钾肥，促进植株生长健壮，增强抗病力。

3. 知母立枯病

症状：被害后的植株叶片变黄，甚至整株发黄枯萎，根状茎腐烂。高温多雨时发病严重。

防治方法：实行轮作。选择排水良好、土壤疏松的地块种植。种植前，种用根状茎用 1∶500 的福美双溶液或 40% 的甲醛溶液加水 50 倍浸种 15 分钟。增施磷、钾肥料，增强抗病能力。出苗前喷 1∶1∶200 波尔多液 1 次，出苗后，喷 50% 多菌灵

1 000倍液2~3次，保护幼苗。发病后，及时拔除病株，病区用50%石灰乳消毒处理。

4. 知母软腐病

症状：软腐病主要为害根茎，被害根茎初呈褐色水渍状斑块，其后变黑，病部逐渐软化而腐烂，患处有灰色脓状黏液产生，有一种特殊臭味。高温高湿和通气不良易发病。

防治方法：选择健壮无病的种球繁殖。雨季注意清沟排渍，降低水位。播前用50%多菌灵500~600倍液浸种20~30分钟，晾干后下种。采收和装运时，尽可能不要碰伤根状茎，种用根状茎贮藏期间，注意通风和降温。

5. 虫害

知母的害虫主要是蛴螬和蚜虫。蛴螬咬食根状茎，而引起腐烂。可用90%敌百虫晶体或50%西维因可湿性粉剂800倍液灌根，每株用药150~200克。蚜虫于夏初发生，吸食嫩茎、叶的汁液，使植株枯顶。发现蚜虫用乐果100克，对水40~50千克喷雾。

（四）采收与加工

家种知母的收获周期，用种子繁殖的需生长3年收获，用根茎分株繁殖的需生长2年收获。收获时间秋春皆可，秋季宜在10月下旬生育停止后采收；春季宜在3月上旬未发芽之前采收。春秋两季适时采收的鲜知母折干率高、质量好。野生知母一般以秋季收获为宜，因为春季发芽前不易发现，而发芽后采收对商品质量有一定影响。

1. 毛知母加工

（1）晾晒法　即将收获的鲜知母去掉茎叶，洗净泥土，去掉须根，放在阳光充足的空场上，边晒边摔打，直至晒干，一般需60~70天。

（2）烘干法　先将鲜知母置于烘房火炕上，边烘烤边翻动，使其受热均匀，至半干时取出晾晒，并拣湿度大的继续烘烤，至八九成干时再晾晒，再次进行挑选。这样反复 2 次，即可干燥。烘烤不宜操之过急，防止烤焦。

2. 知母肉加工（光知母）

趁鲜刮净外皮后用硫磺熏 3~4 小时，再晒干或烘干，即为知母肉。阳光充足，一般 2~3 天即干。收获 1 次。将已裂口的果实连柄一同摘下，放在没有缝隙的容器中（防止种子漏掉），采完后放在通风干燥处 1 周左右，使种子有个后熟阶段，然后除去果壳收获种子，经过冲洗后，放在通风干燥室内保存。每个果实可有种子 2 000~4 000 粒。

十二、地　黄

地黄，又称怀庆地黄为玄参科地黄属植物。以地下根状块茎入药，生地、熟地皆为一物。因加工炮制法不同，含水分不同，药的功用也各异。按药性习惯常把地黄分为生地黄和熟地黄。生地黄具有滋阴清热、凉血止血的功效，主治热病烦躁、阴虚低热、消渴、斑疹、吐血、衄血、崩漏、尿血等症。熟地黄具有滋阴、补血的功效，不具清热之力，主治阴虚血少、目昏耳鸣、腰膝酸软、遗精、闭经、崩漏等症。主产于河南、山西等省。

（一）生物学特性

地黄喜温和阳光充足的环境。喜干燥，忌积水。能耐寒。对土壤要求深厚、疏松、排水良好的沙质壤土。土壤酸碱度反应微碱性为好。但不宜在盐碱性大、土质过黏以及低洼之地栽种。忌连作，轮作期要在 5 年以上。

地黄根茎萌蘖力较强，芽眼多，易发芽生根。生育期 150 天左右。种子无休眠期，正常发芽率仅 50% 左右，在气温 25℃ 左右，播后 5 天即可出苗；根茎栽种区在 20℃ 左右，10 天即可出苗，出苗后先长叶，后开花，继发根。

（二）栽培技术

1. 选地整地

宜选择土层深厚、肥沃疏松、排水良好的沙质壤土，周围无遮阴以及有一定的灌溉和排水条件的地块。于头年冬季或第 2 年早春 2 ~ 3 月份，深翻土壤 25 厘米以上，每亩施入腐熟堆肥 2 000 千克、过磷酸钙 25 千克，翻入土中作基肥。然后，整平耙细，做成宽 1.3 米的高畦或高垄栽种，畦沟宽 40 厘米，四周开好排水沟，以利排水。

2. 繁殖方法

（1）根茎繁殖　作繁殖材料用的根茎，生产上俗称"种栽"。种栽的培育有 3 种方法。

种栽留种：在 7 月下旬至 8 月上旬，在当年春栽的地黄田间，选择生长健壮、无病的良种植株，或全部挖出，剔除劣种，挑选个头大、芦头短、抗病力强、芽密、根茎充实的作种栽。然后将挑出的根茎，截成 4 ~ 6 厘米长的小段，按行距 20 ~ 25 厘米、株距 10 ~ 12 厘米，重新栽在另一块施足农肥、整平耙细的地块内。萌发出苗后，当幼苗长出 3 ~ 5 片叶时，进行间苗，去弱留强，培育至翌春栽种。每亩用种根 1 万 ~ 1.5 万个。"重栽留种"地黄产量高，质量好，且能防止退化。

冬藏留种：秋季收获时，选产量高、抗病力强、体大而充实、芦头短的优良单株，挖取根茎后，进行窖藏越冬，或与河沙层积贮藏。翌春取出，将芦头切下，除去木质部即可作种栽。

原地留种：秋季收获时，选留纯正的优良品种，在原地不起挖，培育至第 2 年春栽时挖取作种栽。

（2）种子繁殖　秋季收获时，留一部分生长健壮、无病虫害的优良植株不起挖，让其继续生长，施足磷钾肥，使其开花结果。于翌年 6 ~ 7 月份采集成熟、饱满的种子，脱粒、净选、晒干贮藏备用。

播种：于春季 3 月下旬至 4 月上旬，在整好的苗床上，按行距 15 厘米横向开浅沟条播，将种子拌草木灰均匀地撒入沟内，覆盖细土，以不见种子为度。当气温在 25℃ 时，播后 1 周即可出苗。出苗后进行苗床常规管理，当幼苗长有 5 ~ 6 片真叶时，即可移栽。以后再选择生长健壮、根茎充实的根段作种栽，连续选育 3 年即可提供商品。有性繁殖的后代其种性和产量都比无性繁殖的好。两种繁殖方法可交替进行，能防止地黄退化。

3. 栽种

地黄栽种期因品种、各地的气候条件和种植方法的不同而异。山西运城、临汾一带将地黄分为早地黄和晚地黄两种，当地药农有"早地黄要晚，晚地黄要早"的栽培经验，早地黄于 4 月上旬栽种，晚地黄在 5 月下旬至 6 月上旬栽种。总之，栽地黄要因地制宜、灵活掌握、适时栽种。

栽前，将种栽去头斩尾，取其中段，然后，截成 3 ~ 6 厘米长的小段，每段要有 2 ~ 3 个芽眼，切口粘以草木灰。稍晾干后下种。栽植密度：按行距 30 ~ 40 厘米，株距 27 ~ 33 厘米，在整好的畦面上挖深 3 ~ 5 厘米的浅穴，每穴横放种栽 1 ~ 2 段，覆盖拌有粪水的草木灰 1 把，再盖细土与畦面齐平。每亩需种栽 30 ~ 40 千克。

4. 田间管理

（1）间苗补苗　当苗高 10 ~ 12 厘米时，开始间苗，每穴留壮苗 1 株。遇有缺株，应选阴天及时补栽。补栽苗要带土起苗，栽后成活较高。

（2）中耕除草　地黄根茎入土较浅，中耕宜浅，避免伤根。幼苗周围的杂草要用手拔除。植株将要封行时，立即停止中耕。

（3）追肥　地黄喜肥，除施足基肥外，每年还应追肥 2 ~ 3

次。第 1 次在齐苗后，每亩施入人粪尿水 2 500 千克，腐熟肥饼 50 千克，以促苗壮。第 2 次当苗高 10 厘米左右时，结合间苗后，每亩施入畜粪水 2 500 ~ 3 000 千克、过磷酸钙 100 千克、腐熟饼肥 30 千克，促使根茎发育膨大。第 3 次在将封行时，于行间撒施 1 次草木灰，促进植株生长健壮。

（4）灌溉和排水　地黄在生长前期需水量较大，应勤浇水；生长后期，为地下根茎膨大期，应节制用水，尤其是多雨季节，田间不能积水，应及时疏沟排水，防止发生根腐病。久旱无雨以及每次追肥后，应及时浇水。

（5）摘蕾和去分蘖　植株抽薹时，要及时剪除花序，对根际周围抽生的分蘖，应及时用小刀从基部切除，使养分集中于地下根茎生长，以利增产。

（6）除串皮根　地黄除主根外，还能沿地表长出细长的地下茎，这些地下茎称串皮根，需要消耗大量养分，应及时全部铲除。

（三）病虫害防治

1. 斑枯病

症状：5 月中旬发生，主要为害叶片。气温在 13℃ 以上时开始发病，大田发病盛期在 7 ~ 8 月的雨季，病菌生病残株上或随病残株入土内越冬，为翌年的初侵染源。病叶出现黄绿色病斑，边缘不明显，后扩大呈黄褐色、圆形或不规则形大斑，上生有小黑点，此为病原菌的分生孢子器。发病严重时，叶片干枯卷曲，最后植株死亡。

防治方法：收获后消除残枝病叶集中烧毁深埋；增施磷钾肥，增强植株抗病力；加强田间管理，降低田间湿度；发病时喷洒 1∶1∶150 波尔多液，或 65% 代森锰锌 500 倍液，每 7 ~ 10 天 1 次，连喷 2 ~ 3 次或发生初期用 75% 百菌清湿性粉剂 1 000 倍液喷雾。

2. 轮纹病

症状：为害叶片，病叶表面出现黑褐色病斑，近圆形，病斑有明显的同心轮纹，上生有黑点。严重时全叶枯死。5 月上旬开始发生，6 ~ 7 月份发病严重。发病初期叶柄上出现水渍状褐色病斑，由外缘叶片迅速向心片蔓延，使叶柄腐烂。湿度大时，病部产生白色棉絮状菌丝，维管束变褐受阻，使地下根茎干腐，最后只剩下表皮，细根也干腐脱落，地下部分逐渐枯死。

防治方法：选用无病健壮的根茎作种栽；与禾本科作物实行轮作，轮作期在 5 年以上；雨后或灌水后，及时排出田间积水；增施磷钾肥；栽种前，种栽用 50% 退菌特 1 000 倍液浸种 3 ~ 5 分钟；结合整地，每亩施入 70% 敌克松 2 ~ 2.5 千克，均匀地撒入土中，进行土壤消毒；发病初期用 50% 退菌特 1 000 倍液浇注植株，每 7 ~ 10 天 1 次，连续 2 ~ 3 次。

3. 拟豹纹蛱蝶

症状：以幼虫咬食叶片。每年 6 ~ 10 月发生，8 月份为害严重。

防治方法：可用 80% 敌百虫 800 倍液喷杀。

4. 其他害虫

有红蜘蛛、地老虎、蛴螬等，按常规方法防治。

(四) 采收与加工

春地黄于栽后当年 11 月前后，当地上茎叶枯黄且带斑点时及时采挖。先割去茎叶，然后在畦的一端开深 35 厘米的深沟，顺次小心挖取根茎。

先将鲜地黄除去须根，选留种栽后，其余的按大中小分级，分别置于火炕上烤干。开始用武火，使温度升至 80 ~ 90℃，经 8 小时烤后，当地黄体柔软无硬心时，取出堆闷，覆盖麻袋或麦草、稻草，使其"发汗"，5 ~ 7 天后再进行回烤，温度在 50 ~ 60℃，炕 8 ~ 12 小时，至颜色逐渐变黑、干而柔软时，即成生地黄。将生地黄浸入黄酒中，用火炖干黄酒，再将地黄晒干，即成熟地黄。

十三、百 合

百合，为百合科百合属多年生草本植物。以地下鳞茎的蒜瓣状的鳞片入药，具有润肺止咳，清心安神功能。主治肺痨久咳，老人慢性气管炎，神经衰弱。我国大部分地区有栽培，甘肃兰州盛产百合著称全国。山西主产于平陆县。

（一）生物学特性

百合为多年生草本。株高 70 ~ 150 厘米。鳞茎球形，淡白色，先端常开放如莲座状，由多数肉质肥厚、卵匙形的鳞片聚合而成，下部着生须根。茎直立，圆柱形，常有紫色斑点，无毛，绿色。花大、白色、漏斗形，单生于茎顶。种子多数，卵形，扁平，花期 5 ~ 8 月，果期 7 ~ 9 月。

（二）栽培技术

1. 选地整地

百合宜选择半阴疏林下或坡地、土层深厚肥沃排水良好的沙质壤土种植。土壤 pH 值以 5.5 ~ 6.5 为宜。前茬以豆科作物或其他蔬菜为好，忌连作。土要深翻耙细。栽前施足基肥，每亩施入腐熟的圈肥或堆肥 1 500 ~ 2 000 千克，过磷酸钙 25 千克。每亩施入地亚农 0.6 千克，翻入土内消毒。坡地、丘陵地、地下水位低且排水良好通畅的地块，可整成平畦，畦宽 130 厘米，两边开排水沟。地下水位高、雨水较多的地方，应整成高畦栽培。沟宽 25 ~ 30 厘米、深 20 ~ 25 厘米，以利排水。

2. 繁殖方法

培育作为生产上所用的种球，一般用小鳞茎、鳞片或珠芽等培养。

（1）用珠芽培育种球　凡能产生珠芽的品种，如宜兴百合，于夏季珠芽成熟时收采，当年 9~10 月份播种。平畦，开沟点播，行距 10~13 厘米，株距 4~5 厘米，沟深 3 厘米。覆土后再盖碎草保温保墒。翌年春季出苗时撤除覆草，并追肥。夏季及时浇水、中耕除草。秋季叶枯后掘起鳞茎，此时鳞茎直径已有 1~2 厘米。随即另设苗床播下，行距 33 厘米，株距 10~14 厘米，覆土厚 6 厘米。第 3 年出苗后及时追肥、浇水、除草，使苗健壮生长，秋季掘起时，一部分鳞茎已可作种球。

（2）籽球培育种球　凡能产生籽球的品种，如兰州百合，采收时，掘取大鳞茎时收集土中的籽球，按大小分级。凡横径在 5 厘米，重 30 克以上可直接作种球。

（3）鳞片培育种球　待鳞茎充分成熟后掘起，选肥大无虫害的，用利刀把鳞片从基部切下，随即插于铺沙壤土的苗床中。插入时基部朝下，各片距离 3 厘米，上盖细沙厚约 6 厘米。床土经常洒水保湿，但水不可过多，防止鳞片腐烂。床温保持 20℃左右。南方秋播约半个月，从鳞片下端的切口处发生米粒大小的鳞茎体。翌年春季着生基叶 1~2 枚。秋季叶枯后掘起，按鳞茎大小分别照珠芽方法同样育种球。

（4）种子繁殖　9~10 月份蒴果成熟后，取出扁平而周围具膜翅的种子，立即进行播种。若春播，需将种子阴干后，进行湿沙层积处理。第二年 3 月下旬至 4 月上旬播种。播前，将充分腐熟的猪牛粪整细和少量细沙与床土拌匀整平，随即撒播或条播，播后盖细土，约 3 厘米厚。再盖上草，春季出苗时，揭去盖草。加强苗期除草、松土、间苗、水肥管理，经 4 年培育后，可作种球用。种子繁殖方法，时间较长，生产上一般少采用。

3. 种植

定植以 9~10 月份栽植为好，鳞茎要分级栽植。在已备好的畦土上，按株行距 20~40 厘米挖穴，肥料先施入穴内，肥料上面覆少量细土，使其种茎不与肥料接触，以免灼伤。再将种茎基部向下，栽入穴中，1 穴栽植 1 个种茎。上覆 5 厘米厚的细土，稍加压紧。南方一般秋栽，北方也有春栽的，但以秋栽为宜。秋栽应适时，过早，年内发芽，易遭冻害；过迟，种球在定植前发芽，妨碍新根生长。北方寒冷地区在 9 月上旬，南方温暖地区在 10 月下旬栽植为宜。春栽者出苗较晚，影响产量。播种前，应选择健壮肥大、鳞茎圆整、鳞片洁白、抱合紧密、大小均匀、无病虫害的单芽种球。北方用平畦或垄作，南方用高畦。密度为亩栽 1 万 ~ 1.5 万株，行距 20 ~ 40 厘米，株距 15 ~ 20 厘米。栽后覆土，深以鳞茎顶端入土 3 ~ 4 厘米为宜。

4. 田间管理

（1）中耕培土　百合生长期长，秋播在土中越冬，翌年春天出土前有一段较长的时间。因此畦面可套种蔬菜和麦类作物。当套作采收后，随即松土、中耕除草 1 次，以免杂草滋生，消耗养分，影响百合生长。到生长中期再中耕 2 ~ 3 次，结合培土，防止鳞茎裸露与鳞片变色。

（2）合理施肥　栽后第 2 年，于春季齐苗后结合除草，追肥 1 次，每亩施用腐熟人畜粪水 1 000 千克、过磷酸钙 20 千克加堆肥 800 千克混拌均匀，于行间开沟施入，施后盖土。第 2 次在 5 月开花前结合中耕除草，每亩施入腐熟饼肥水 500 千克、过磷酸钙 20 千克加堆肥 800 千克拌匀于行间开沟施入。第 3 次于 7 月花后，结合除草再追施 1 次磷、钾肥，用量稍大，方法同第 1 次。每次施肥应避免肥液与种茎直接接触，以免引起鳞茎腐烂。若无腐熟饼肥，在春季发芽出苗后及苗高 13 ~ 16 厘米时分别追肥一次，每次用人粪尿液 1 500 ~ 2 000 千克或尿素等 15 ~ 20 千克。最后 1 次追肥后，将稻草薄铺土面，每亩用稻草 400 千克，用以降低地温，保持湿度，防止雨水冲刷和杂草丛生。另以 0.2% 磷酸二氢钾进行叶面施肥。苗期、珠芽期，用 0.1% 钼酸铵进行叶面施肥，能提高产量。

（3）去蘖摘蕾　控制营养体与生殖体的生长可通过去蘖、摘花蕾和珠芽、打顶来实现。春季发芽时保留 1 个壮芽，其余的除去，以防鳞茎分裂。夏季花蕾开始膨大，宜随时摘除，以减少养分消耗。有珠芽的品种，如不准备用珠芽进行繁殖，应及时去除，以避免养分损耗。为了促使鳞茎膨大，防止开花和茎叶生长过旺，也可将顶芽摘去，以抑制地上部分生长。但摘顶芽最好在 5 月下旬，过早、过迟均不相宜。6 月上旬，除留种地外，要及时摘除花蕾，以减少养分消耗。5 ~ 6 月是珠芽分化和成熟期，需要采收珠芽的，在珠芽成熟未脱落之前收获。选晴天，用小木棒轻敲百合植株基部，下用簸箕收集，注意不要折断植株和损伤叶片。如果不需要珠芽繁殖，应及时摘掉，可减少养分消耗。

（4）灌溉和排水　夏季高温多雨季节，应注意清沟排水。过多的水分容易引起鳞茎腐烂。如遇久旱无雨，可适当浇水，以土壤湿润为宜。如有套种作物遮阴，一般不需灌溉。

（三）病虫害防治

1. 叶斑病

症状：叶斑病主要为害茎、叶。叶片受害出现圆形病斑，微下陷，随着分生孢子的大量出现，病斑变为深褐色或黑色，严重时叶片枯死。茎部出现病斑后，使茎秆变细。严重时腐茎倒苗而死。

防治方法：选无病鳞茎作种，种前鳞茎用新洁尔灭或福尔马林消毒；及时疏沟排水，降低田间湿度，保持通风透光，增强植株抗病力；发病前后，喷 1 : 1 : 100 波尔多液，或 65% 代森锰锌 500 倍液，每 7 天 1 次，连喷 3 ~ 4 次，并可兼治鳞茎腐烂病。

2. 病毒病

症状：病毒病为全株性病害。受害叶片出现黄绿色相间的花叶，表面凹凸不平，并有黑色病斑，造成叶片早期枯死，植株生长矮小，严重时全株枯死。多由病毒侵染造成。

防治方法：选用抗病品种，选择无病母株留种；及时喷药消灭传毒昆虫，如蚜虫、种蝇等；增施磷、钾肥，促进植株生长健壮，增强抗病力。

3. 立枯病

症状：被害后的植株叶片从下而上变黄，以至整株发黄枯萎，鳞片腐烂，合瓣脱落。

防治方法：实行轮作。选择排水良好、土壤疏松的地块种植；种植前，种茎用 1∶500 的福美双溶液或 40% 的甲醛溶液加水 50 倍浸种 15 分钟；增施磷钾肥料，增强抗病能力；出苗前喷 1∶1∶200 波尔多液 1 次，出苗后，喷 50% 多菌灵 1 000 倍液 2~3 次，保护幼苗；发病后，及时拔除病株，病区用 50% 石灰乳消毒处理。

4. 软腐病

症状：软腐病主要为害鳞茎，被害鳞茎初呈褐色水渍状斑块，其后变黑，病部逐渐软化而腐烂，患处有灰色脓状黏液产生，有一种特殊臭味。高温高湿和通气不良，是本病发生的主要条件。

防治方法：选择健壮无病的种球繁殖；雨季注意清沟排渍，降低水位；采收和装运时，尽可能不要碰伤鳞茎，种鳞茎贮藏期间，注意通风和降温。

5. 蛴螬和蚜虫

症状：蛴螬咬食鳞茎，而引起腐烂。吸食嫩茎、叶的汁液，使植株枯顶。

防治方法：发现虫害可用 50% 辛硫磷乳油，或 90% 敌百虫晶体，或 50% 西维因可湿性粉剂 800 倍液灌根，每株用药 150~200 克。蚜虫于夏初发生，发现蚜虫用乐果 100 克，对水 40~50 千克喷雾可治愈。

（四）采收与加工

1. 鲜用品的采收与贮藏

百合地上茎叶开始枯黄植株停止生长，鳞茎逐渐成熟。至地

上部全部枯死，下部落叶，上部落花时为采收适期。南方在 8 ~
9 月份收获，北方在 11 月初采收。采收时掘出鳞茎，去根、去
泥、去茎秆。运至室内，用草遮盖，避免因阳光照射而使鳞茎变
色，影响产品质量。

2. 干制品的采收与加工

百合定植后的第 2 年秋季，地上部茎叶枯萎后，地下鳞茎完
全成熟（长江流域约在 8 月上中旬，北方约在 9 月中下旬）时
采收。选晴天采收，切除茎秆、须根，将小鳞茎选出作种栽，大
鳞茎及时贮藏在通风阴凉处，以待加工，每亩可产鲜鳞茎 850 ~
1 500 千克。加工程序可略分以下几步骤。

（1）剥片　一般用手剥，或在鳞茎基部横切 1 刀，使鳞片
分离，剥下的鳞片不能混淆，要按外、中、内层分别盛装，因在
泡片时，鳞片着生部位不同、老嫩不一致，难以掌握泡片时间，
影响产品质量。

（2）泡片　水沸后，将洗净沥干的鳞片分类下锅，每 100
千克水可放入鳞片 20 ~ 30 千克，以鳞片不出水面为度。在沸水
中煮约 5 ~ 10 分钟，当鳞片边缘变软，背面有微裂时，迅速捞
起，置清水中漂洗去黏液，再捞出。每锅水连续 2 ~ 3 次后，要
换水，沸后再泡，混浊的水对色泽有影响，降低质量。

（3）晒片　将晒具打扫干净，然后将漂洗的鳞片轻轻薄摊
于晒具上，约达到六成干时，再行翻晒（否则易破碎），直至全
干。每 100 千克鳞片可加工干货 35 千克左右。经过加工的百合，
以竹篓或粗麻袋包装，置干燥通风处，防止受潮和虫蛀。本品防
虫忌硫熏，因硫熏后内心硬化，影响质量。

十四、丹　参

丹参，为唇形科鼠尾草属多年生草本植物。以根入药，具有
活血祛淤、安神宁心、止痛功能。主治心绞痛、胸腹或肢体淤

血、心烦失眠。我国大部分地区都有栽培。

（一）生物学特性

丹参为多年生草本。株高 50 ~ 100 厘米。根细长，圆柱形，多分枝，外皮土红色，内黄白色，长 30 厘米左右。茎方形，被长柔毛。小坚果 4 个，椭圆形，成熟时灰黑色。花期 5 ~ 7 月，果期 6 ~ 8 月。

喜气候温暖、湿润、阳光充足的环境。耐寒、耐旱。最适生长温度 20 ~ 26℃。地下根部能耐寒，在 -15℃时根可安全越冬。苗期遇高温、干旱天气，使幼苗生长停止甚至死亡。

（二）栽培技术

1. 选地整地

栽培丹参宜选择地势较高、土层疏松深厚、保水性能好的沙质土壤地。播前进行翻耕，施入腐熟的厩肥或堆肥作基肥，整细耙平，做高畦播种。土壤酸碱度从微酸性至微碱性都可生长，对前茬作物要求不严，一般大田均可栽培。因此，在前作收获之后，深翻土壤 20 ~ 30 厘米，结合整地，每亩施入腐熟厩肥或堆肥 2 500 ~ 3 000 千克，加过磷酸钙 50 千克，翻入土中作基肥。于栽前再翻耕 1 次，整细耙平，做成 1.3 米宽的平畦，长度以便于作业和排水为宜。

2. 繁殖方法

以分根、芦头繁殖为主，亦可种子播种和扦插繁殖。

（1）分根繁殖　秋季收获丹参时，选择色红、无腐烂、发育充实，直径 0.7 ~ 1 厘米粗的根条作种根，用湿沙贮藏至翌春栽种。亦可选留生长健壮、无病虫害的植株在原地不起挖，留作种株，待栽种时随挖随栽。春栽，于早春 2 ~ 3 月在整平耙细的栽植地畦面上，按行距 33 ~ 35 厘米、株距 23 ~ 25 厘米挖穴，穴深 5 ~ 7 厘米，穴底施入适量的粪肥或土杂肥作基肥，与底土拌匀。然后，将径粗 0.7 ~ 1 厘米的嫩根，切成 5 ~ 7 厘米长的小段作种根，大头朝上，每穴直立栽入 1 段，栽后覆盖火土灰，再盖细土厚 2 厘米左右，不宜过厚，否则难以出苗。亦不能倒栽，否则不发芽。每亩需种段 50 千克左右。北方因气温低，可采用地膜覆盖培育种苗的方法。

（2）芦头繁殖　收挖丹参根时，选取生长健壮、无病虫害的植株，粗根切下供药用，将径粗 0.6 厘米的细根边同根基上的芦头切下作种栽，按行株距 30 厘米×23 厘米挖穴，与分根方法相同，栽入穴内。最后覆盖细土厚 2 ~ 3 厘米，稍加压实即可。

（3）种子繁殖　北方 4 月上中旬，南方于 3 月下旬选阳畦播种。畦宽 1.3 厘米，按行距 33 厘米横向开沟条播，沟深 1 ~ 2 厘米，因丹参种子细小，要拌细沙均匀地撒入沟内，盖土不宜太厚，以不见种子为度。播后覆盖地膜，保温保湿，当地温达 18 ~ 22℃ 时，半个月左右即可出苗。出苗后在地膜上打孔放苗，当苗高 6 厘米时进行间苗，培育至 5 月下旬即可移栽。南方宜于 6 月种子成熟后，随采随播，出苗率最高，亦可于立秋后播种。

（4）扦插繁殖　南方于 4 ~ 5 月，北方于 7 ~ 8 月。先将苗床畦面灌水湿润，然后剪取生长踺壮的茎枝，切成长 10 ~ 15 厘米的插穗，按行株距 20 厘米×10 厘米，将接穗斜插入土中，深为插条的 1/2 ~ 2/3，随剪随接，不可久置，否则影响成苗率。插后保持床土湿润，适当遮阴，半个月左右即能生根。待根长 3 厘米时，定植于大田。

以上 4 种繁殖方法以采用芦头作繁殖材料，产量最高。其次是分根繁殖。

3. 移栽

春播后，当苗高 6 ~ 10 厘米时即可移栽。可春栽亦可秋栽。

春栽于 5 月中旬，秋栽于 10 月下旬进行。宜早不宜迟，早移栽，早生根，翌年早返青。栽种时，在畦面上按行距 25 厘米 × 30 厘米挖穴，穴深视根长而定（8 ~ 10 厘米），穴底施入适量粪肥作基肥，与穴土拌均匀后，每穴栽入种子繁殖的幼苗 1 株，栽植深度以种苗原自然生长深度为准，微露心芽即可。栽后浇透定根水。扦插苗每穴栽 1 株，按同样方法和栽植密度栽入穴内。

4. 田间管理

（1）中耕、除草、追肥 4 月上旬齐苗后，进行 1 次中耕除草，宜浅松土，随即追施 1 次稀薄人畜粪水，每亩 1 500 千克；第 2 次于 5 月上旬至 6 月上旬，中除后追施 1 次腐熟人粪尿，每亩 2 000 千克，加饼肥 50 千克；第 3 次于 6 月下旬至 7 月中下旬结合中耕除草，重施 1 次腐熟、稍浓的粪肥，每亩 3 000 千克，加过磷酸钙 25 千克、饼肥 50 千克，以促参根生长发育。施肥方法可采用沟施或开穴施入，施后覆土盖肥。

（2）除花薹 丹参自 4 月下旬至 5 月将陆续抽薹开花，为使养分集中于根部生长，除留种地外，一律剪除花薹，时间宜早不宜迟。

（3）灌溉和排水 丹参最忌积水，在雨季要及时清沟排水；遇干旱天气要及时进行沟灌或浇水，多余的积水应及时排出，避免烂根。

（三）病虫害防治

1. 根腐病

症状：植株发病初期，先由须根、支根变褐腐烂，地上表现为茎基部的叶片变黄，后逐渐向上扩展，植株长势较差，形似缺肥状，严重时全根黑褐色腐烂，仅残留黑褐色的坏死维管束而呈干腐状。地上部茎叶自下而上枯萎，最终全株枯死。

防治方法：实行水旱轮作，选择地势高燥的山坡地种植。加强田间管理，雨后及时疏沟排水，增施磷、钾肥，疏松土壤，促进植株生长，提高抗病力。栽种前，种根、根茎、种苗用 25%

多菌灵 200 倍液浸根 10 分钟，晾干后栽种。发病期喷 25%，多菌灵 800 倍液，或 50% 甲基托布津 1 000 倍液浇灌病株，控制病害蔓延。生物防治。腐皮镰刀菌具有土壤习居性，能够在土壤中存活和积累，一般用化学农药防治困难，利用土壤中的有益微生物控制病原菌是一种可行的措施。木霉菌株哈茨木霉 T23、桔绿木霉 T56 对丹参根腐病有显著的控制作用，防治效果与目前常用多菌灵处理相当。

2. 菌核病

症状：为害植株茎基部和根茎部。患病植株根茎至茎基部腐烂，并在近地表处和茎基部内部形成黑色鼠类状的菌核和白色菌丝体，最后植株枯萎死亡。

防治方法：一是加强田间管理，及时排水。二是发现病株要及时拔除，用生石灰对病穴进行消毒，防止蔓延，或用 50% 速克灵 1 000 倍液灌根。

3. 叶斑病

症状：细菌性病害。为害叶片。患病植株叶片上生有近圆形或不规则的深褐色病斑，严重时病斑扩大汇合，致使叶片枯死，一般从 5 月份开始发病，直到秋末。

防治方法：清理植园，深埋病残株，注意排水，改善通风透气条件。

4. 根结线虫病

症状：根结线虫寄生于丹参根的各个部位上，形成许多瘤状结节（虫瘿），致使植株生长矮小，发育缓慢，叶片褪绿，逐渐变黄，最后全株枯死。瘤用针挑开，肉眼可见半透明白色粒状物，直径约 0.7 毫米，此为雌线虫母体。

防治方法：不重茬，可与禾本科植物如小麦、玉米轮作。选择肥沃的土壤，避免沙性过重的地块种植。结合整地，每亩施入 3% 辛硫磷颗粒 3 千克，撒于地面，翻于土内，进行土壤消毒。对已发现根结线虫的地块，可在播种前 50 天用必速灭颗粒剂沟施，使药入土 15～20 厘米，中间充分翻动土壤 1～2 次。

5. 银纹夜蛾

症状：幼虫咬食叶片，严重时将叶片全部吃光。

防治方法：收获后将病株集中烧毁，以杀灭越冬虫卵。也可于地中悬挂黑光灯诱杀成蛾。当幼虫出现时，用 10% 杀灭菊酯 2 000～3 000 倍液或 60% 敌百虫 800 倍液喷杀。每周 1 次，连续喷 2～3 次。

6. 蛴螬

症状：将丹参植株的根部咬食成凹凸不平的空洞或咬断，使植株逐渐枯萎，严重者枯死。在夏季多雨，土壤湿度大，生荒地以及施用未充分腐熟的厩肥时，为害严重。

防治方法：结合整地，每亩施入 3%，辛硫磷颗粒 3 千克，撒于地面，翻于土中，进行土壤消毒。施用充分腐熟的厩肥。大量发生时用 50% 的辛硫磷乳剂稀释成 1 000～1 500 倍液或 90% 敌百虫 1 000 倍液浇根，每亩 50～100 毫升。晚上用黑光灯诱杀成虫。

（四）采收与加工

采用无性繁殖的，于栽后当年 11 月或第 2 年春季萌发前采挖；种子繁殖的于移栽后第 2 年的 10～11 月，当地上茎叶枯萎后到第 3 年的早春萌发均可采挖。因参根入土深，质脆易断，应选晴天，土壤半干半湿时小心挖取，先刨松根际土壤，顺行将参根守整挖取。挖取后在田间暴晒，去泥土后运回加工，忌用水洗。

将根条晾至五成干时，质地变软后，用手捏顺，扎成小束，堆放 2～3 天使其"发汗"。然后，再摊开晾晒至全干，去须修芦，剪去细尾即成商品。

十五、芍药

芍药，为毛茛科芍药属多年生草本植物。以根入药，具有清热凉血、活血散淤止痛功能。主治肝郁肋痛、血淤腹痛、经痛崩漏。全国各地均有栽植。

（一）生物学特性

芍药株高 50 ~ 80 厘米。茎直立、上部有分枝。叶互生花期为 5 ~ 6 份，果期 6 ~ 8 月，根肉质肥大，圆柱形或略呈纺锤形。表面淡红棕色。质坚实而重，不易折断。

芍药适宜温和气候，在无霜期较长的地区生长良好。既能耐热，也能抗寒。在安徽亳州，年均温 14.5℃，极端最高温度 42℃，亦能越夏。山西、山东等地种植，冬季培土能安全越冬。甚至在我国东北地区，气温下降到 -20℃，只要稍加培土，也能安全越冬。芍药耐干旱，怕潮湿，忌积水。雨水多能引起根腐病。喜阳光充足。山地栽培应选向阳坡地，四周不可有树林及高坡荫蔽，以免影响产量。土壤以沙质壤土、冲积壤土为好。怕连作，种过芍药的地，间隔 2 ~ 3 年再种芍药。前茬作物以玉米、小麦、豆类、甘薯等作物较好。

（二）栽培技术

1. 选地整地

芍药为深根系植物，以排水良好，土层深厚、疏松肥沃的沙质壤土为好，每亩施基肥 3 000 千克，深耕 30 厘米，然后把细整平，做宽 1.2 ~ 1.5 米的畦，畦间开排水沟。

2. 繁殖方法

自芍的繁殖，分有性和无性繁殖两种方法。用种子繁殖生长时间长，在实际生产中多采用芍头繁殖和分根繁殖法。

（1）芍头繁殖 芍药在收获时，先将芍药根从芍头着生处全部割下，加工成药材。所留下的芍头，选其形状粗大、芽头饱满、无病虫害的，按芍头大小，芽的多少，顺其自然用刀切成2～4块，每块有粗壮的芽苞2～3个，供种苗用。一般生长好的芍药，1亩地所产的芍头可以种植2～4亩。

（2）分根繁殖 在收获芍药时，将较大的芍药根从芍头着生处切下，将笔杆粗的根留下，然后按其芽和根的自然分布，剪成2～4株，每株留壮芽1～2个及根1～2条。根条保留18～22厘米，剪去过长的根和侧根，供种苗用。

繁殖用的芍头和芍根都不能立即下种，必须进行贮藏。其方法是：选高燥阴凉通风的地方或室内，在地上铺上湿润的细沙或细土8～10厘米厚或挖宽50厘米，深40厘米的沟，将芍头或芍根顺序堆放其上。芍根贮藏，芽朝上，按顺序倾斜堆放，厚15～20厘米，放好后其上盖湿润的沙或泥12厘米厚，四周围用砖或其他物体围好。每过15～20天应检查1次，因沙或泥容易下漏至芍苗孔隙中，使芍头露土，易发生干烂，应在堆上再加湿润沙或泥10厘米厚。贮藏时发现霉烂要及时翻堆。

（3）种子繁殖 8月下旬至9月初收获种子，采收后及时播种，不然则需将种子与湿沙按1∶3混合后沙藏，促进种子成熟，于翌年春季3月下旬至4月上旬播种。秋播于9月下旬，按行距15厘米开沟，深2～3厘米，在沟内按粒距3～5厘米播入种子，覆土后稍加镇压、浅水。翌年4月上旬出苗，生长一年后移栽。每亩播量3～4千克。

（4）种植方法 不论平畦或高畦，均按行距40～50厘米、株距30～40厘米栽种。用芍头种，开浅平穴，每穴种芍头2个，并排放于穴内，相距4厘米，切面朝下，覆土8～10厘米，做成馒头状或垄状。分根下种，用锄头或二齿耙开穴，穴开成 35°~ 45°的斜面，深约 20 厘米，每穴种 2 条根，头朝南，根向北，栽于斜面上，芽与畦面平，将两根栽成外"八"字形，根要栽直，用少量土固定芍根，然后在根尾部上方施入人粪肥和饼肥、过磷酸钙，再覆土，做成馒头状或垄状均可。并在其上盖厩肥，适当培土。

（5）栽种时间　芍药栽种时间一般宜在 10 月，但以早栽种为好。9 月上旬气温下降即可种植，有利于早发根的生长；最迟不过 11 月上旬。下种过迟，贮藏的芍根和芍头已发出新根，栽时易折断，同时气温下降对发根不利，影响第 2 年生长。

3. 田间管理

（1）中耕除草　芍药栽后头两年，因株行距较宽，每穴发苗不多，容易滋生杂草，妨碍幼苗生长。下种后，最好在畦面铺厩草肥，以增加肥力，并抑制杂草的生长。栽种次年的红牙露出后，应立即中耕除草。但此时芍根纤细，扎根不深，不宜深锄。切忌在株旁松上除草，以免损伤芍根，影响生长，甚至枯死。以后在 4~6 月份各中耕除草 1 次。7~8 月份高温季节，可不中耕除草。冬季应清除枯枝残叶，全面中耕除草。每次松土，只宜浅锄，免伤芍根。夏季干旱时应中耕保墒。以后每年中耕除草 3~4 次即可。

（2）灌溉和排水　芍药喜干怕水，一般只在严重干旱时灌溉。但在多雨季节，要注意排水，否则容易引起烂根。

（3）追肥　芍药第 1 年不用追肥，以后每年应追肥两次，第 1 次在幼苗出土时，第 2 次在枝叶枯萎前，每亩施人畜粪水 1 000 千克。春季施入人粪尿等速效肥 500 千克/亩，以农家肥为主。第 4 年 3 月份每亩施 1 000 千克人粪尿，硫酸铵 10 千克和过磷酸钙 25 千克；4 月份加磷肥按上述肥量再施 1 次。

（4）摘蕾　在 4 月中下旬现蕾时，选晴天将其花蕾全部摘除，以利于集中养分，促进根的生长。要收种的植株，宜适当去掉一些差的花蕾，其余留下，以备采籽。

（5）间作 栽后 1～2 年内，植株生长缓慢，发棵小，为充分利用土地，可间作蔬菜、豆类、芝麻等作物。

（三）病虫害防治

1. 芍药灰霉病

症状：芍药灰霉病又名花腐病，是一种由真菌引起的病害。叶、茎、花等部分都易受害。一般从下部叶片的叶尖或叶缘开始发生，病斑褐色，近圆形，有不规则的层纹。在天气潮湿时长出灰尘色霉状物，即病原菌的子实体；茎上病斑梭形，紫褐色，软腐后使植株折倒；花蕾和花发病后，同样变褐、软腐，也生有灰尘色霉状物。

防治方法：清除被害枝叶，集中烧毁。合理轮作。选用无病种芽，并用 65% 代森锰锌 300 倍液浸种 10～15 分钟，消毒处理后下种。加强田间管理，及时排水，田间要通风透光。发病初期喷 1:1:100 的波尔多液，或用 75% 甲醛布津 800 倍液每隔10～14 天喷 1 次，连喷 3～4 次。

2. 叶霉病

症状：叶片和绿色茎发病。叶片发病，初期叶背出现绿色针头状小点，并向叶背面突起，以后逐渐扩展成 3～5 毫米红色小病斑，边缘不明显。温度升高以后，病斑扩大到 7～12 毫米，成为暗红色不规则形大斑，病斑多有轮纹。病斑扩大，相互连接，使叶片枯焦。在湿度大的条件下产生暗绿色霉层。茎部发病，初为暗紫色小点，以后发展成为 3～5 毫米的长圆形凹陷病斑。病茎枯死后，病部产生暗绿色霉层。

防治方法：处理病残株，秋季彻底剪除病枝，并清扫落叶，集中烧毁。加强田间管理，增施有机肥料，促进植株健壮生长，增强抗病性。药剂防治，在芍药发芽后，于 3 月下旬到开花前喷洒 50% 的多菌灵 800～1 000 倍液。每 10 天左右喷药 1 次，共喷 3 次。或喷洒 50% 托布津 1 000 倍液，65% 代森锰锌 500 倍液。

（四）采收与加工

栽后 3~4 年收获，于立秋前挖出全根，除去根头，抖去泥土，用竹片刮去外皮，倒入沸水锅内，煮至无硬心为度，取出晒干。芍药煮后，如当天不能及时晒干，应摊放于通风处，切忌堆置。暴晒芍药尚未干，下雨天，每天可用火烘 1~2 小时。如发现芍药根起骨发霉应迅速置于清水中冲刷干净，用温火烤干或在太阳下再晒。

一般 4 年生芍药每亩产 400~500 千克，3 年生亩产 300~400 千克，商品芍药以体重、粗壮、质坚实、无夹生、圆直、头尾均匀、粉性足为佳。

十六、贝　母

贝母，为百合科贝母属多年生草本植物。以鳞茎入药，具有清热润肺、止咳化痰、散结、消肿、解毒功能。用于肺热咳嗽、咯痰带血、痰黏胸闷、乳腺炎、肥厚性鼻炎等症的治疗。分布于河北、河南、山西、陕西、甘肃等省。

（一）生物学特性

贝母地下块茎肥厚，白色，瓣大小成对，各对交互对生呈扁球形，直径大者 3 厘米左右。茎细弱，有卷须。叶互生，具柄，掌状深裂。种子 4 粒，斜方形，表面棕黑色，先端具膜质翅。7~8 月开花。8~9 月结果。

（二）栽培技术

1. 选地整地

选择地势平坦、土层深厚的细沙土或沙质壤土栽培。整地可做成宽 100~200 厘米的平畦或低畦，在易积水的田块应整成高垄栽培。

2. 繁殖方法

（1）块茎繁殖　每年早春或秋季，将地下块茎全部挖出，选大者入药，小者留种。种植前要施足底肥，进行整地做畦。开浅沟，沟深 6～9 厘米，沟距 30～36 厘米，然后在沟内每隔 15～18 厘米放块茎 1～2 枚，覆土 3～5 厘米。若土壤湿度较好，15 天左右即可出苗。每亩播种块茎约 40 千克。多雨地区进行垄作，于垄的两侧底部开沟种植。

（2）种子繁殖　北方在 4 月播种。播种前将种子用温水浸泡 8～12 小时，然后取出条播。行距 30～36 厘米，开浅沟约 3～4.5 厘米，将种子均匀撒于沟内，覆土约 1.5 厘米，镇压、浇水。每亩播种量 2～2.5 千克。

3. 田间管理

贝母 4～8 月为茎蔓生长期，8 月以后至 10 月初降霜前，为块茎生长期。田间管理应根据其生长特点进行。

（1）除草松土　贝母 4 月出苗后至 6 月蔓叶未覆盖地面以前，除草松土浇水。8 月以后应经常保持地面湿润，以利于根茎的生长。

（2）追肥　6～8 月，结合浇水追施粪尿 2～3 次，促进茎叶生长。9 月上旬追施磷、钾肥，促进块茎生长。

（3）搭架　有的地方当苗高 15～18 厘米时，在行间插竹竿，供植物蔓茎攀缘，以利开花结籽。

（三）病虫害防治

1. 平贝锈病

症状：又名"黄疸"，病原是真菌中一种担子菌。于 5 月中旬发生，叶背和叶基有锈黄色夏孢子堆，破裂后有黄色粉末随风飞扬，被害部造成穿孔，茎叶枯黄，后期茎叶布满黑色冬孢子堆。

防治方法：清园，消灭田间杂草和病残体；开花前喷敌锈钠300倍液，7天1次。

2. 黑腐病

症状：又名菌核病，是真菌中的一种半知菌，是为害贝母鳞茎最严重的病害，发生时期为5~8月下旬。发病初期，田间呈零星无苗斑块区，病区内几乎无苗。鳞片被害时产生黑斑，病斑下组织变灰，严重时整个鳞片变黑，皱缩干腐，鳞茎表皮下形成大量小米粒大小的黑色菌核。被害株地上部分叶片变黄变紫，萎蔫枯黄，植株全部死亡。

防治方法：轮作，选排水良好的高畦种植，加强田间管理；肥料要腐熟；及时拔除病株并用5%石灰乳消毒病穴；用50%多菌灵1 000倍液灌根；发病严重的地区用种子繁殖，防止种栽带菌。

3. 灰霉菌

症状：灰霉菌是真菌中一种半知菌。多发于贝母生长晚期，该病一般多发生在5月下旬至6月上旬，发病初期叶片出现大小不等的水渍状病斑，继而扩展到全叶，使整个叶片变成黄褐色，枯萎而死。在适宜条件下，蔓延较快，成片发生。特别是连阴雨，高温潮湿或密度过大的情况下，3~5天即可感染全田。

防治方法：合理密植，及时清除田间杂草；如5月中下旬出现多雨天气，应及时喷药。一般可采用1:1:120波尔多液或敌菌灵500倍液防治。

4. 金针虫、蝼蛄、地老虎

症状：缺苗断空，咬伤鳞茎基部。

防治方法：清洁田园，田边与地边杂草、枯枝落叶集中烧毁；人工捕杀或黑光灯诱杀；在整地做畦时，每平方米施入

25%敌百虫粉10~15克，害虫发生时用90%晶体敌百虫800~1 000倍液浇灌。

（四）采收与加工

种子繁殖的贝母，种后3年采收。块茎繁殖的贝母当年秋季即可采挖，于10月下旬（霜降后）茎叶枯黄时或第二年早春萌芽前均可采挖。割去地上部茎蔓，挖出块茎，冲洗干净，放蒸笼中蒸透，或将大瓣用手掰开放水锅中煮至无白心，取出晒干。放置干燥通风处，防潮防霉变。贝母以色淡红棕、半透明、质坚实、断面角质样者为佳。

十七、天　麻

天麻，为兰科天麻属多年生寄生植物。以地下根茎入药，具有平肝祛风、镇痛功能。主治头痛、眩晕、中风惊厥、肢体麻木。主产区在云南、贵州、四川、陕西等省。

（一）生物学特性

天麻生于湿润林下及肥沃的土壤中。近年来人工栽培成功。寄主为蜜环菌。地下茎横走，肥厚，肉质，椭圆形或卵圆形，长10厘米，直径3~5厘米，具不明显环节。茎单一，直立，高30~150厘米，圆柱形，黄褐色。种子多数而细小，粉尘状。花期6~7月，果期7~8月。

天麻喜冷凉，多湿，荫蔽度大的环境。多野生于海拔1 000~2 500米的山地丛林中。它不能直接从土壤中吸收养分，只能与蜜环菌共生，而蜜环菌又腐生于杂木段上。生长适温为20~25℃，适宜空气湿度为75%~80%。干旱和湿度过大对天麻生长都不利。

（二）栽培技术

1. 选地整地

（1）选地与选材　具备天麻生长所需的适温和适湿的任何

地方，都可作为培养地。如南方的地道、防空洞、人防工程，东北的室内。

选择适合蜜环菌腐生的木材，如栎、桦、台湾相思、蔷薇科植物等。将此类植物树干、枝砍下后，锯成长0.5米的段木，再劈成径粗约10厘米的木棒（称菌木）。菌木边砍3行鱼鳞口。

（2）培育菌材　在选好的地上挖深0.5米、宽0.6米左右长为菌木长度两倍的坑。在山林寻找有蜜环菌的菌材（或培育过天麻的旧菌材）。把菌木并排放入坑底，第2层按此法铺入菌材，第3层和第4层分别铺菌木和菌材，可放5层。凡菌木或菌材之间空隙均用木屑、树叶或土填充压紧，然后盖土，使之高出地面10厘米，成龟背形，以防积水。在适温、适湿下约50天即可使菌木培育成长为有旺盛蜜环菌的新菌材。

2. 繁殖方法

天麻用块茎和种子繁殖。

（1）块茎繁殖　以培育菌材的方法挖坑（俗称窖），坑底铺树叶或松土，然后把新菌材和菌木各一条搭配成双，平放于树叶上，每双菌材和菌木之间的空隙约10厘米，在每条菌材边上放进作种用的天麻小球茎5～6粒，重约50克，最后用泥土或树叶、木屑填平至菌材高，依此法再下第2层、第3层的菌材、菌木和天麻小球茎。顶层覆土成龟背形。

（2）种子繁殖　首先于3～4月份培育菌床，方法同培育菌材法，只是坑较浅，够放2层菌木、菌材即可。7月份种子成熟后，挖开菌床土，轻轻取出上层菌材，下层不动，然后铺1薄层树叶并轻压,接着均匀播下种子,再放回第1层的菌材,最后盖上成浅龟背形。

3. 田间管理

天麻播种后,床面上要常喷水保持腐殖土的湿润,雨天不能有积水。雨后检查有无裸露,发现裸露及时培土,防止人畜践踏。培育20天后,每隔10~15天观察1次,观察时要端开木框,细心地一片一片揭开树叶,播种层树叶上下两面都要用放大镜观察发芽情况:一是看是否还有未发芽的种子,二是看是否有已发芽并形成的白嫩的原球茎,三是看是否有细长多节豆芽状的营养繁殖茎。当发芽率达到5%~10%时就可以移植培育了。

(三)病虫害防治

1. 天麻腐烂病

症状:该病是由多种病因引起的。多为杂菌感染受害,有时是因管理不善,环境条件不利于天麻块茎的发育,而有利于蜜环菌生长,块茎受蜜环菌侵染而引起的。发病的天麻块茎,皮部萎黄,中心组织腐烂,掰开块茎,内部变成有异臭的稀酱状态,有的块茎组织内充满了黄白色或棕红色的蜜环菌菌索,严重时造成腐烂。

防治方法:栽天麻时,要严格选择无杂菌的菌棒伴栽;发现菌床内有杂菌感染的菌棒,必须弃之不用;根据天麻各生育期对水分大小的要求,做好水分管理;认真选用不带病的天麻种。

2. 日灼病

症状:该病是一种生理病害。天麻抽薹开花后,由于无遮阴,向阳的一面茎秆受强光照射而变黑,影响地上部的生长,特别是遇阴雨天时,被霉菌侵染后从病部倒伏死亡。在天麻未出土前,搭好荫棚遮阳即可防止此病的发生。

3. 蚜虫

症状:多发生在天麻的花果期,为害花茎及花。

防治方法：可喷 40% 乐果乳油 1 000 倍液或 20% 速灭杀丁 8 000～10 000 倍液防治。

4. 蝼蛄

症状：以成虫或若虫在天麻表土层下开掘纵横通道，咬食天麻块茎。

防治方法：可用诱饵毒杀或人工捕杀。

5. 蛴螬

症状：以幼虫在窖内咬食天麻块茎，将块茎咬食成空洞。

防治方法：播种前或栽麻前，对窖内土壤和培养料进行药剂处理。用 50% 辛硫磷乳油 30 倍液喷于害面，翻入土中即可。

6. 介壳虫

症状：主要为害天麻块茎，一般是由菌棒带入窖内。介壳虫多趴伏在块茎表面和菌棒表面。

防治方法：发现带有介壳虫的菌棒，应予烧毁。带有介壳虫的块茎，不能做种，应加工成成品。

（四）采收与加工

天麻的有性繁殖，生长发育较快，可在播种后的第 2 年 11 月份或第 3 年的 3～4 月份进行收获。天麻的无性繁殖，视种麻块茎大小而决定收获时间。一般用大、中自麻做种的，可在栽种的当年收获，或在第 2 年春天未萌动生长之前收获。若用小白麻和米麻做种，需要经过 2 年生长才能收获，这是因为种麻太小，当年不能生长成做药用的箭麻。

采收天麻时，首先将表土挖去，揭开菌材，即可露出天麻。起麻时，如发现多数菌棒尚好，可只摘出商品麻，不要翻动中、小白麻和米麻，抽出朽烂菌棒，换入新菌棒，覆土填至棒平，再覆腐殖土 8～10 厘米，最后覆土封口，继续培育。在收获天麻的过程中，要尽量注意避免挖伤天麻，以免损失药用有效成分。收获时应把白麻、米麻留作无性繁殖种麻。箭麻个体完整、无病虫害、颜色正常、健壮的，应留一部分作为有性繁殖的种麻，其余的箭麻和不能做种的白麻加工入药。

天麻采收后要及时加工，否则会因麻体鲜嫩，长时间堆放引起腐烂。此外，有的麻体上带有蜜环菌，如果将大量收获的天麻堆放一起，蜜环菌就会侵入天麻体内生长繁殖，也易引起天麻腐烂。天麻的加工有以下几道工序。

1. 分级清洗

根据天麻的大小，可分成 3～4 等。150 克以上的为一等，75～150 克的为二等，75 克以下的和挖伤的为三等。分等后用水洗干净。当天冲洗的天麻，当天加工处理。

2. 刨皮

用薄铁皮刨净表皮，也可用稻壳揉搓去掉表皮，煮沸后烘干。加工的优质天麻叫明天麻，也叫雪天麻。通常，刨皮后来不及蒸煮放置过久会变质腐烂，反而失去药用价值，故除去出口或特殊要求外，一般不进行刨皮。

3. 蒸煮

蒸煮是天麻加工的重要工序，如果不蒸煮直接烘干或晒干，天麻会皱缩，不透明，色泽差。蒸的方法，即将天麻洗净后按不同等级分别放在笼屉上蒸 15～30 分钟，至无白心为度。此种方法适用于加工数量较少的情况。若加工量较大，一般多采用水煮的方法。将水烧开后，将天麻按不同等级投入水中，放少许明矾，一般 10 千克天麻加 100 克明矾。150 克以上的大天麻，煮 15 分钟；100～150 克的煮 7～10 分钟；100 克以下的煮 5～8 分钟；等外的煮 5 分钟，以能透心为度。也可取天麻从暗处向亮处照看，没有黑心，或折断天麻检查，白心只占天麻直径的 1/5，即可出锅。切忌煮得过软，煮时间过长。蒸煮适度可大大提高折干率。蒸煮不当，成品率低，有时 7～8 千克鲜麻才能加工干麻 1 千克，损失太大，同时也影响药效。

4. 熏

天麻煮好后放入熏房，用硫磺熏 20～30 分钟。熏过的天麻，色泽白净，质量好，并可防止虫蛀。

5. 烘烤

烘烤天麻，火力不可过猛。开始时温度以 50～60℃ 为宜，便于麻体中水分迅速蒸发。若开始温度过高（超过 80℃），麻体外层因水分蒸发过快易形成硬壳；开始时温度过低（低于 45℃），会滋长霉菌引起腐烂。当烘至 7～8 成干时，取下用手压扁，继续烘烤。此时温度应在 70℃ 左右，不能超过 80℃，以防天麻干焦变质。天麻全干后，立即出炕。若延长时间，天麻也会变焦。天麻收获量太大时，为了及时加工，可用机械化加工的方法在炕房烘干，但应经常检查，防止霉烂和焦枯。一般 4～5 千克鲜麻烘 1 千克干麻。

十八、太子参

太子参，别名孩儿参，为石竹科植物，根入药，具有益气健脾胃、生津润肺滋养强壮的功能，用于治疗脾虚体倦、食欲不振、自汗口渴、肺燥干咳等症，原产于福建、安徽、江苏、山东等地，贵州、浙江、湖南等省也有栽培。

（一）生物学特性

多年生草本，株高 7～20 厘米，块根长纺锤形。茎细弱，下部紫色，近方形，上部近圆形、绿色。叶对生，下部叶匙形或倒披针形，上部叶卵状披针形至长卵形，茎端的叶常 4 枚相聚，呈十字形排列。花腋生，萼片 4，白色。蒴果近球形，熟时自裂。种子扁圆形。喜温和、湿润、凉爽的气候，忌高温和强光暴晒。怕干旱、怕积水，较耐寒冷，气温 15℃ 以下仍

能发芽生根、气温超过 30℃，生长停滞。适宜于疏松、富含腐质的沙质土壤生长。2~3 月出苗，随之现蕾开花。4~5 月蜘蛛生长旺盛，地下茎逐节发根、伸长、膨大。果期 5~6 月，6 月下旬以后，地下茎叶枯萎，大量叶片脱落，"大暑"时植株枯死，参种腐烂，新参在土中互相散开，进入越夏休眠期。

（二）栽培技术

1. 种子留种

太子参经过数代无性繁殖后，由于受到病虫害、病毒等感染，出现长势弱、病虫害严重、产量降低等退化现象。为了更好地栽培太子参，必须采集优良的太子参种子。应选择生长健壮的植株采种，生长不良或不正常、株形不佳、有病虫害感染的植株不宜采种。3 年生花期 3~6 月，种子约花后 1 个月成熟，太子参为顶生花序，开花不齐，成熟也不一致，边生长、边开花、边结果，采种应在种子成熟且蒴果未开裂前随熟随采，一般在上午 10 时露水干后采种子，采种后阴干 3~5 天，待蒴果全部开裂后进行种子筛选。太子参种子成熟时朔果易开裂使种子自然散落，种子较小、椭圆形、长 3 毫米、宽 2 毫米，外种皮密生瘤刺状突起，种皮豆沙色，种脐在种子的腹面基部，千粒重 16.5 克。太子参种子采收后不能暴晒；太子参种子干燥后发芽率降低，贮藏时应放在低温湿润处。

2. 块根留种

采用块根为繁殖材料进行无性繁殖，无性繁殖不能超过 5 代。6 月中旬，根据第二年的种植面积（1：10）选择植株健壮、无病虫者作为留种田。确定留种田后每隔 15 天喷施 2 次 0.2% 的磷酸二氢钾，以利根内干物质的积累，培养优质种根。发现病株及时拔除，如根部病害还应进行土壤消毒。10 月中旬种植前采挖，选择品种纯正、生长健壮、芽饱满、根茎充实、生命力强、芽短粗粗细均匀、无病虫害及腐烂部分抗病力强的植株留种，生长不良或不正常、株形不佳、有病虫害感染的植株不宜留种。采挖过程中尽量不损伤种根，收获后不宜暴晒和长期堆积。将做种用的块根置于阴凉处按 1 层沙（10 厘米厚）、1 层参种反复重叠 4~5 层。储藏期间保持沙层湿润，每隔 20 天翻堆检查，拣出霉烂参种。

3. 选地

选土壤肥沃略带倾斜的向北山坡旱地种植，尤以排灌方便的地生茬沙壤地最佳，为降低病源、减轻病害，每 2~3 年应实行 1 次轮作，前茬忌茄科烟草、蔬菜等作物要求土层厚度 40 厘米以上。

4. 整地施肥

种植地深耕 20 厘米，畦宽 0.8~1.4 米，高 25 厘米，畦面呈龟背形，沟宽 30 厘米，畦面横向开 10 厘米深定植沟，沟距 13~15 厘米。太子参的植株矮小，以块根为经济目标，为避免伤根或肥料与种参接触腐烂，后期不宜中耕追肥。施足基肥和掌握适宜种植密度是高产的关键措施，以重视基肥为主。每亩用草木灰 1 200 千克、农家肥 1 000 千克、过磷酸钙 40 千克、复合肥 10 千克、人粪尿 200 千克沤制后撒施于沟底并覆盖薄土。种植前 15 天用 50% 辛硫磷乳油 0.5 千克配成 800 倍液喷畦面后将表土翻入土层，预防地下害虫。

5. 适时栽种

（1）种子播种　选择品系纯正优良，发芽率 90% 以上，千粒重 15~18 克，纯净度 95% 以上，无检疫性病虫害的种子备用。于 12 月 20 日至翌年 2 月 10 日播种，将种子与草木灰拌匀后，用手均匀撒于畦面上，撒种时手距地面约 30 厘米，沿畦面左右撒种，顺风撒种为佳，撒种密度在 600~1 000 粒/平方米，亩播量 5~8 千克，用铁筛均匀筛入细肥土，覆土 0.5~1 厘米。上盖稻草 2~3 厘米，浇 1 次透水，以保温保温。在出苗后，揭去盖草，加强苗床管理，当出现 2 片小叶时，1% 喷磷酸二氢钾 2 次，2 次间隔 6~7 天。对生长过稠的苗床在 3~5 月结合锄草间苗。播种当年 10 月后定植前起苗。

（2）块根栽植　11 月份左右和起苗同一时间，随挖随栽。每亩用种量 20 千克，种植前用 50% 的多菌灵 500 倍液浸种 30 分钟沥干后，用清水漂洗残留药液，晾干、待播。按行距 15 厘米，株距 6 厘米用锄头斜向开沟，沟深 6～9 厘米，平栽，芽距地平 5 厘米左右，种参头尾相接，轻覆细土盖种，亩栽 50 000～60 000 株。

6. 移栽后施肥管理

对苗壮、土层肥沃、基肥足的地块不宜追肥，避免枝叶徒长。但对基肥不足、地力瘠瘦、苗期分枝少、苗架纤弱的地块，应在清明前后用腐熟饼肥 30～40 千克/亩拌土施于畦中，或在叶色黄时追肥 10～15 千克的磷酸二铵，于开花后追肥过磷酸钙 5 千克/亩。或用"云大 120"、"芸苔素"等根外追施，以提高群体光能效应，延缓茎叶枯萎、防止早衰，促进块根增生、膨大。

7. 中耕除草

出苗后 25 天应拔草，轻度疏松表土。第 1 次锄草于 3 月初，用铲子松土，深度约 3 厘米破除板结，铲除杂草；第 2 次中耕锄草于 4 月中旬，浅锄表土，防止动根伤苗，结合第 2 次中耕锄草定苗，即封垄前拔除病株、弱株；第 3 次锄草于 5 月中旬，封垄前拔除杂草，注意防止动根伤苗。

8. 田间排灌溉

生长阶段以保持湿润、畦面不积水为宜，块根膨大期要勤浇水，促进块根生长发育。太子参出苗初期需水较多，遇干旱季节注意灌水，生长后期高温干旱天气易造成提前倒苗，可通过灌水、降温来延长生长期，促使根部营养积累，提高产量和质量。太子参喜湿怕涝，在整个生长期内，雨季要经常注意田间排水。雨季到来时应在田间挖出几道排水沟，确保雨水的通畅排出。

9. 适时采收

在太子参种植后的翌年夏至前后，当地上部 50% 以上的茎叶枯萎时就应采收，此时参根成品率最高。宜选择晴天收获，大小参根应采收齐全。将太子参根挖出，趁鲜将叶柄残基切下，除净泥土。

10. 加工技术

烘干加工：用清水洗净参体，搓去须根，薄摊在晒席摊晒1~2天，使根部失水变软后，移至烘房内在55℃下烘干。

生晒参加工：将收获参条洗净，晒至半干后堆起，使之回潮后再摊开日晒。在晒干过程中，将参根放在木板上，用手搓去须根，直至参根光滑无毛为止。

烫参加工：将收获的参根摊晾1~2天，待根部失水后洗净，用100℃开水烫1~3分钟，以指甲顺利掐入参体为度，然后晒干装入箩筐内轻摇撞击去掉须根即成烫参。

（三）主要病虫害

1. 病毒性缩叶病

症状：病毒性缩叶病是栽培太子参普遍发生的较为严重的一种病害，又称缩叶病，发病率随栽培年限的增加呈上升趋势，种茎带毒及蚜虫等昆虫传毒可能为其主要传播途径。多在4~5月份发生，为全株性病害。感病植株显著矮化，叶片变形、皱缩、卷曲、花叶，直至枯死；植株生长不良，地下块根畸形瘦小，质地变劣。当蚜虫大发生时，容易发生该病。

防治方法：

（1）选用抗病良种。

（2）种质逐年提纯复壮 采集种子，播前在0℃条件下处理50天，直播于新土上，其生长的块根作为来年的种根用。

（3）苗床用新床获换用大田土壤、施用腐熟农家肥、培育壮苗、重病田块实行2~3年轮作。

（4）发现病株及时清理烧毁。

（5）及时防治蚜虫 苗期用满天红（70%吡虫啉）喷施。

（6）药剂防治 发病初期用克毒宝1 000~1 500倍液或盐酸

吗啉胍可湿性粉剂 1 500 倍液，每隔 7 ~ 10 天用药 1 次，连续防治 2 ~ 3 次；用速停 1 500 倍液或磷酸二氢钾在发病初期每隔 7 天喷 1 次，连续喷 2 次，可增强植株活力，抑制病毒的危害。

2. 叶斑病

症状：主要为害叶片。叶片染病后产生凹陷的圆形或梭形小斑，后逐渐扩大成圆形或不规则形，中央灰白色，边缘黑褐色，潮湿时病斑表面密生黑色霉状物，即病原菌分生孢子梗和分生孢子。发病严重时，病斑布满全叶使叶片卷曲焦枯而死，无法给地下部分提供养分，损失相当严重。

防治方法：

（1）种子消毒　播种前可用 50% 多菌灵浸种 30 分钟，洗净晾干后播种。选择排灌方便的地块，避免使用连作地，以减少初侵染源，同时加强肥水管理，增施磷、钾肥，控制氮肥，提高植株抗病力，减少病害发生。

（2）保护　病害发生前用复方波尔多粉 500 倍液进行喷药保护，喷药 2 ~ 3 次（间隔 7 ~ 10 天）。

（3）药剂防治　发生初期用 10% 世高水分散粉剂（苯醚甲环唑）、25% 使百克 1 500 倍液或仙生 1 000 倍液等连续喷 2 ~ 3 次（间隔 7 ~ 10 天）。交替使用农药，延缓病菌产生抗药性。

3. 紫纹羽病

症状：此病为害太子参根部或根颈部，被害根块初期失去光泽，渐呈黑褐色，紫红色菌丝缠于被害根表面，地上部分症状不明显。其后在茎基部表面相聚而成紫红色菌丝膜，质地柔软，易剥落，地上枝叶生长不良，当根表面被菌丝缠满时，根即腐烂，严重时，地上茎倒伏腐烂死亡。

防治方法：

①选用无菌种块，发现病苗及时挖除烧毁，工具用后洗净，然后对其余健壮种块用 20% 的石灰乳液浸 1 小时，或 50% 的多菌灵 1 000 倍稀释液浸根半小时后再种植。

②排水不良及水位高的田块注意排水，涝前应挖好排水沟。种前用70%的五氯硝基苯消毒，每亩用2.5千克加细土进行拌土消毒，或用福尔马林30倍稀释液浇灌土壤。

③发病初期可用36%甲基托布津悬浮剂500倍液，或50%苯菌灵可湿性粉剂1 500倍液，或40%纹枯利可湿性粉剂1 000倍液，或60%防霉宝水溶性粉剂800倍液灌根；并配合喷施新高脂膜增强药效。

4. 白绢病

症状：被害根靠近茎端呈水渍状腐烂，地上部茎叶有黄褐色病斑，边缘褐色或淡褐色。初发生时，病部的皮层变褐，逐渐向四周发展，在病斑上产生白色绢丝状的菌丝，菌丝体多呈辐射状扩展，蔓延至附近的土表上。后期在病苗的基部表面或土表的菌丝层上形成油菜籽状的菌核，初为乳白色，渐为米黄色，最后变成茶褐色。植株发病后，茎基部及根部皮层腐烂，水分和养分的输送被阻断，叶片变黄凋萎，全株枯死。

防治方法：

（1）土壤消毒　白绢病为土传病害，病菌在土壤存活时间较长并且可造成次年病害的发生，因此应对发病地土壤进行消毒处理。白绢病菌适宜在酸性土壤中生长，因此用20%生石灰或硫磺消毒粉（草木灰：石灰：硫磺＝50：50：2）撒施土壤中，可调节土壤的pH值及消毒作用，创造不适宜病菌生物的土壤环境，从而达到预防白绢病的目的。

（2）选用透气好、不渍水、土壤疏松肥沃的田块栽种太子参。注意田间开沟排水，减少田间土壤湿度。及时排灌能防止局部水淹，减轻白绢病侵染。

（3）合理轮作　白绢病为土传病害，同一地块连作太子参易造成病菌的积累从而导致病害的流行，因此应避免太子参的单一品种连作。

（4）化学防治　发病期用12.5%烯唑醇2 500倍液，或

50%甲基托市津1 000倍液喷淋病株。

十九、何首乌

何首乌为蓼科蓼属植物，具有久服延年不老、解毒、消痛、润肠通便、益精、补肝肾等功效，药用价值较高，生首乌有解毒，截疟，润肠的功能。制首乌有补肝肾、益精血的作用，用于精血亏虚、头晕眼花、须发早白、腰膝酸软、久疟、肠燥便秘等症。其首乌片治疗高胆固醇血症有较好的疗效。首乌藤入药，称夜交藤，有养心安神、祛风湿的功能，主治神经衰弱、失眠、多梦、全身酸痛等症，近年来，随着年采挖量的增加，野生资源减少，逐渐成为市场上的紧俏货，人工栽培何首乌已成为供求主体。所以开发何首乌人工栽培意义重大，前景看好。

（一）生物学特性

多年生缠绕草本植物。茎中空，长3~4米。有肥大块根，外皮黑褐色，内粉红色。叶互生，心脏形，全缘，光滑无毛，有柄，托叶鞘短筒形。花序圆锥状，顶生或腋生；花小，白色，花被5裂，外面3片背部有翅；雄蕊8，花柱3。蒴果椭圆形，3棱，黑色，有光泽。多野生于山林灌木丛中，以及山脚阳坡或石隙中，属半阴性植物。何首乌喜温和潮湿气候，忌干燥和积水，喜生长在排水良好结构疏松腐殖质丰富的沙质壤土，黏土栽培生长不良，总体适应性较强。

（二）栽培技术

1. 选地整地

选排水良好、疏松肥沃的沙壤土、山坡或房前屋后的零散地种植。整地时每 667 平方米施农家肥 4 000 千克，深翻 30 厘米以上，整平，做畦宽 120 ~ 150 厘米、深 10 ~ 20 厘米的畦。

2. 繁殖方法

（1）种子繁殖　秋季 11 月收割藤蔓时，先将种子采回，晒干，将整个果穗轻轻剪下晒干，搓出种子，除去杂质，装入布袋或纸箱，贮藏于通风干燥处，次年 3 月上旬至 7 月上旬播种。以行距 15 ~ 20 厘米顺畦开深 3 厘米的沟，将种子均匀撒入沟内，覆土 1 ~ 2 厘米，镇压，浇水。每亩播种量 1.5 ~ 2 千克，约 15 天出苗。当苗高 10 ~ 12 厘米时移栽或定苗。按距 4 ~ 5 厘米定苗，种子繁殖幼苗生长慢，苗高 30 厘米以上后生长迅速，块根粗大，但生长周期稍长。苗期应经常浇水，保持田间湿度，见草就拔，苗高 10 ~ 11 厘米可按株行距 50 厘米、30 厘米定植到大田。

（2）插枝繁殖　在 3 ~ 4 月或 8 月多雨季或秋季 10 月份，选较粗壮的茎蔓，截成 15 ~ 20 厘米一段，每根插条必须有 2 个以上的节（3 个节为好），上面 1 节留下叶片，其余摘除叶片，以减少水分蒸发，为了保证成活率，在有条件的情况下可以将剪下的何首乌藤条 20 ~ 30 棵为 1 扎捆扎好，浸入用生根粉配成的溶液中遮阳 24 小时，无生根粉就将插条的下端蘸上黄泥浆，然后在整好的畦内，按行距 15 ~ 20 厘米、株距 5 厘米，挖 5 ~ 10 厘米小坑，将茎蔓插入，每穴插 2 ~ 3 条，斜插，插深，上面一节留有叶片，露出地面，踩实后浇水。春、夏插 10 天左右可长出新根，30 天后便可移栽进定植地；秋插翌年春季生根。约经过 100 天的培育，苗长 15 厘米以上，有数条根后便可移栽到大田种植。插枝繁殖生根快，成活率高，种植年限短，结块多。

（3）压条繁殖　在春、夏季，选近地面的粗壮枝条进行压条，每隔 15 ~ 20 厘米为一间隔段的波状压条，埋深 3 ~ 5 厘米，生根后剪下定植。压条后如土壤过干，要及时淋水。第 2 年 4 月便可挖起，分成单株移栽。按行距 20 厘米、株距 15 厘米，挖

10～15 厘米深的小坑，每穴栽 2 株，覆土压紧，浇施粪水。

（4）分块繁殖　收获时选带有茎的小块根或大块根分切成几块，每块带有 2～3 个芽眼，用草木灰涂上伤口，用草木灰的目的是：草木灰能够吸收植物伤口的水分，使伤口始终保持干燥，杜绝病菌的繁殖，同时避免空气中病菌的感染，有利于伤口的愈合。或放在阴凉通风处晾 1～2 天，等伤口形成 1 层愈合层后种植。在 2 月下旬至 3 月上旬按行株距 20 厘米 × 15 厘米开穴，穴深 5～10 厘米，每穴栽 1 个，覆土后及时浇水。

3. 栽植

3～5 月栽植，栽植时留茎部 20 厘米左右的茎段，其余剪掉，并将不定根和小薯块一起除掉。行距 20 厘米，穴距 15 厘米，覆土 3 厘米，压实，浇水。

4. 田间管理

（1）浇水和排水　苗期需经常保持田间湿润以利成活，待成活后可少浇水。雨后注意排出积水。

（2）除草追肥　何首乌喜肥，在生长期间每年除草追肥 2～3 次。5～6 月开花前每亩施饼肥 50 千克或土杂肥 1 500 千克，开沟施于行间。10～11 月以施磷钾肥为主，每亩施过磷酸钙 25 千克，氯化钾 25 千克。

（3）搭架修剪　栽植苗成活后茎蔓生长到 30 厘米时，要用树枝、竹竿等物搭架，架高 1.5 米左右。具体做法是：在畦上插竹条或木条，交叉插成篱笆状或三脚架，将藤蔓按顺时针方向缠绕其上，松脱的地方用绳子缚住，每株留 1 藤，多余的分蘖苗除掉，如茎蔓铺地过于徒长，7 月份割去一部分叶，通风透光，以利块根生长。一般每株只留一藤，多余的分蘖苗要剪掉，到 1 米以上才保留分枝，这样有利于植株下层的通风透光，如果生长过旺，可适当打顶。大田生产每年修剪 5～6 次。

（4）摘花　除留种株外，于 5～6 月间摘除花蕾，以免养分分散，影响块根生长。

（三）病虫害防治

1. 叶斑病

为害叶片，发病初期产生黄白色的病斑，后期变褐，中心部分有时穿孔，病斑多时，使整片变褐枯死。多发于夏季。

防治方法：

（1）清洁田园，剪除病叶，注意田间通风透光，以利块根生长。

（2）发病初期可喷 1：1：120 倍波尔多液预防，每 7～10 天喷 1 次，连喷 2～3 次。

（3）发病后立即剪除病叶，再喷 65% 代森锰锌 500 倍液进行防治。

2. 锈病

是一种真菌病，3～8 月发生。常先在叶背出现针头状大小突起的黄点，即夏孢子堆。病斑扩大后呈圆形或不规则形。夏孢子堆可在藤上、叶沿周缘发生，但以叶背为主。严重者可造成叶片破裂、穿孔，以致脱落。

防治方法：

（1）清除病枝残叶，减少病原。

（2）发病初期喷 75% 敌锈钠 300～400 倍液，或喷 0.2～0.3 波美度的石硫合剂，每 7～10 天 1 次，连续 2～3 次。

（3）发病期用 75% 百菌清 1 000 液或 75% 甲基托布津 1 000～2 000 倍液喷洒，每 7 天 1 次，连续 2 次。

3. 根腐病

使块根腐烂，植株枯死。多夏、雨季发生。防治方法：用 50% 甲基托布津 800 倍液或 50% 多菌灵 1 000 倍液浇灌根部。

4. 立枯病

主要为害何首乌幼苗的基部或地下根部，初期可见暗褐色病斑，染病苗白天枯萎，夜间转好，随着病情的加剧，最后干枯死亡初期防治效果较好，药剂选用：50% 多菌灵可湿性粉剂 1 000

倍液喷雾 1 ~ 2 次；或 75% 百菌清湿性粉剂 600 倍液进行喷雾。

5. 炭疽病

主要为害何首乌的叶、茎和花，使其出现各种颜色的凹陷斑，随着斑点数的增加而导致枯萎、死亡。发病后使用的药剂为 75% 百菌清可湿性粉剂 800 ~ 900 倍液或 80% 炭疽福美。

6. 绿壳虫

吸食植物叶片，造成花叶、黄叶。可用 48% 毒死蜱 500 倍液喷雾防治。

7. 蚜虫

少量时导致何首乌叶片和嫩梢出现黄色斑点，随着数量的增加逐渐出现黄色块斑，严重者导致植株枯萎甚至死亡可用 50% 敌敌畏乳油 1 500 ~ 2 000 倍液喷雾灭杀。

8. 金龟子

以成虫为害叶片，轻者咬食成缺刻状，重者叶片被食光，可用 90% 的敌百虫 1 000 倍稀释液喷杀，或利用其假死性，在入夜后摇动被害植株，使其脱落，收集杀死。

（四）采收加工

用种子繁殖的一年收获，插枝和块根繁殖的第二年采收，以第三年丰产。每年秋冬季叶片脱落或春末萌芽前采收为宜，先将支架拔出，割下茎蔓，除去残叶，捆成把，晒干即为夜交藤。块根挖出后，洗净泥土，削去须根和头尾，然后按大小分档，大的可横切成 1.5 ~ 2 厘米的厚片，分别晒干或烘烤。有条件的可采用烘烤法干燥。烘烤时头两天温度控制在 60 ~ 70℃，第 3 天可逐步升温至 80 ~ 85℃，并及时抽风除湿，经常检查，烘干的及时出炉。拳首乌以足干、原个、体重结实、形似拳头、外皮红褐色、无烤焦、空心、无芦头为佳。生首乌以体重结实，质坚，粉性足，不易折断、外皮浅黄棕色或浅红棕色、皮部有 4 ~ 11 个类圆形维管束环列、形成云锦状花纹、中央木质部较大为佳。首乌藤以质脆，易折断，断面皮部紫红色，木质部白色或淡棕色，具多数小孔为佳。贮于干燥通风处，防潮，防虫蛀。

二十、黄　精

黄精，为百合科黄精属植物滇黄精、黄精或多花黄精的干燥根茎。根据原植物和药材性状的差异，黄精可分为姜形黄精、鸡头黄精和大黄精 3 种。姜形黄精的原植物多花黄精，鸡头黄精的原植物为黄精，而大黄精（又名碟形黄精）的原植物为滇黄精。3 种中以姜形黄精质量最佳。黄精以根状茎入药。具有补气养阴、健脾、润肺、益肾的功能。主要用于治疗脾胃虚弱、体倦乏力、口干食少、肺虚燥咳、精血不足、内热消渴等症。

（一）生物学特性

1. 主要品种

（1）滇黄精　多年生草本，高可达 1 米。根茎横生，有节。茎直立，单一。叶 4 ~ 6 片轮生，线形，长 8 ~ 13 厘米，宽 1.5 ~ 2 厘米，先端渐尖而卷曲，基部渐狭；无柄。花 1 ~ 3 朵腋生；花被筒状，淡绿色，先端 6 齿裂。浆果球形，熟时橙红色。花期 4 ~ 5 月。

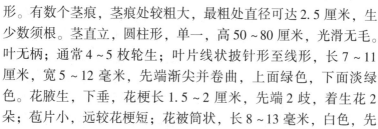

（2）黄精　多年生草本，根茎横生，肥大肉质，黄白色，略呈扁圆形。有数个茎痕，茎痕处较粗大，最粗处直径可达 2.5 厘米，生少数须根。茎直立，圆柱形，单一，高 50 ~ 80 厘米，光滑无毛。叶无柄；通常 4 ~ 5 枚轮生；叶片线状披针形至线形，长 7 ~ 11 厘米，宽 5 ~ 12 毫米，先端渐尖并卷曲，上面绿色，下面淡绿色。花腋生，下垂，花梗长 1.5 ~ 2 厘米，先端 2 歧，着生花 2 朵；苞片小，远较花梗短；花被筒状，长 8 ~ 13 毫米，白色，先端6齿裂，带绿白色；雄蕊6，着生于花被除数管的中部，花丝光滑；雌蕊1，与雄蕊等长，子房上位，柱头上有白色毛。浆果球形，直径7~10毫米，成熟时黑色。花期5~6月，果期6~7月。

（3）多花黄精　多年生草本，根茎横生，肥大肉质，近圆柱形，节处较膨大，直径约1.5厘米。茎圆柱形，高40~80厘米，光滑无毛，有时散生锈褐色斑点。叶无柄，互生；叶片革质，椭圆形，有时为长圆状或卵状椭圆形，长8~14厘米，宽3~6厘米，先端钝尖，两面均光滑无毛，叶脉5~7条。花腋生，总花梗下垂，长约2厘米，通常着花3~5朵或更多，略呈伞形；小花梗长约1厘米；花被绿白色，筒状，长约2厘米，先端6齿裂；雄蕊6，花丝上有柔毛或小乳突；雌蕊1，与雄蕊等长。浆果球形，成熟时暗紫色，直径1~1.5厘米。种子圆球形。花期4~5月，果期6~9月。

2. 生长习性

黄精属植物在我国分布虽广，但适应性较差、生境选择性强。黄精喜欢阴湿气候条件，具有喜阴、耐寒、怕干旱的特性，幼苗能在田间越冬，喜生于土壤肥沃、表层水分充足、荫蔽且上层透光性充足的林缘、灌丛、草丛或林下开阔地带。海拔800~2 800米，其种子发芽时间较长，发芽率为60%~70%，种子寿命为2年。在适宜条件下萌发后分化形成极小初生根茎，初生根茎当年没有真叶出土，在地下完成年周期生长。次年春季初生根茎在前1年已分化的叶原基继续分化、并形成单叶幼苗，幼苗能在田间越冬。黄精多用根茎繁殖，一般于晚秋或早春栽植，春季4月底出苗，5月10日前后现蕾，5月下旬开花，6月上旬开始结果，8月果熟，9月地上植株枯萎。出苗时，顶芽向上生长形成地上植株，并陆续现蕾、开花、结实。同时，在老根茎先端及两侧形成新的顶芽和侧芽，并不断伸长形成新的根茎段。秋季地上茎叶枯萎，老茎倒落留下茎痕如鸡眼状。3年后即形成一个由多节连接而成的头大尾小的串珠状或纵横交叉分枝状的根茎团。以后各年以同样方式生长，生长年限越长，根茎体系越庞大，根茎直径越粗。

（二）栽培技术

1. 选地整地

种黄精应选择湿润和有充分荫蔽条件的地块，土壤以质地疏松、保水力好，富含腐殖质的壤土或沙质壤土为宜；播种前进行土壤耕翻，耙细整平，做畦。一般畦宽 120 厘米，畦沟宽 30 厘米，沟深 15 厘米，畦面呈瓦背形，四周开好排水沟，待栽。

2. 繁殖方法

（1）根茎繁殖　选 1～2 年生健壮、无病虫害的植株，在收获时挖取根状茎，选先端幼嫩部分，截成数段，每段须具 2～3 节。待切口稍晾干收浆后，立即栽种。春栽于 3 月下旬；秋栽在 9～10 月上旬进行。栽时，在整好的畦面上按行距 25～30 厘米开横沟，沟深 7～9 厘米，将种根芽眼向上，每隔 10～15 厘米，平放八 1 段，覆盖拌有火土灰的细肥土厚 5～7 厘米，再盖细土与畦面齐平。栽后 3～5 天在浇 1 次水，以利成活。秋栽的于土壤封冻前在畦面覆盖 1 层堆肥。

（2）种子繁殖　选择生长健壮、无病虫害的 2 年生植株，于夏季增施磷、钾肥，促进植株生长发育健壮，籽粒饱满当 8 月浆果变黑成熟时采集，立即进行湿沙层积处理。其做法是：在背阴向阳处挖一深和宽各 33 厘米的坑，将 1 份种子与 3 份细沙充分混拌均匀，沙的湿度以手握之成团，松开即散，指间不滴水为度。然后，将混沙种子放入坑内，中央插 1 把麦草秸秆，以利通气。顶上用细沙土盖，经常检查，保持一定湿度。待第二年春季 3 月筛出种子进行条播。按行距 12～15 厘米，将催芽籽均匀地播入沟内，覆细土厚 15 厘米，稍加压紧后浇 1 次透水，畦面盖草。当气温上升至 15℃ 左右，15～20 天出苗。出苗后及时揭去盖草，进行中耕除草和追肥。苗高 7～10 厘米时进行间苗，去弱留强。最后按株距 6~7 厘米定苗。幼苗培育 1 年即可出圃移栽。

3. 移栽

春栽或秋栽。以春季 3 月下旬前后移栽为好。在整好的栽植地上，按行距 25 厘米、株距 10~20 厘米挖穴，穴深 10 厘米左右，穴底挖松整平，施入 1 把土杂肥。然后。每穴栽苗 1 株，覆土压紧，浇透水，再盖土与畦面齐平。栽后 3~5 天浇水 1 次，以利成活。

4. 田间管理

（1）中耕除草　生长前期要经常中耕除草，每年 4 月、6 月、9 月、11 月各进行 1 次，宜浅锄并适当培土；避免伤根。

（2）施肥　每年结合中耕除草进行追肥。前 3 次中耕后每 667 平方米施入人畜粪 1 500~2 000 千克。第 4 次冬肥要重施，每 667 平方米施用土杂肥 1 500 千克，与过磷酸钙 50 千克、饼肥 50 千克混合拌匀后，于行间开沟施入，施后覆土盖肥，顺行培土。

（3）排水与灌水　黄精喜湿怕干，田间要经常保持湿润，遇干旱天气，要及时灌水。雨季要注意清沟排水，以防积水烂根。

（4）间作　田园栽黄精必须要有遮阴条件，可在畦沟或畦埂上间种玉米等高秆作物遮阴。

（5）留种　黄精可采用根茎及种子繁殖，但生产上以使用根茎繁殖为佳。于晚秋或早春 3 月下旬前后。选取健壮、无病的植株挖取地下根茎即可作为繁殖材料，直接种植。

（三）病虫害防治

1. 黑斑病

黑斑病是黄精最常见的病害，主要为害叶片。发病初期，叶片从叶尖出现不规则黄褐色斑，病、健部交界处有紫红色边缘，以后病斑向下蔓延，病部叶片枯黄，雨季则更严重。

防治方法：收获时清园，消灭病残体；发病前及发病初期可喷 1∶1∶100 倍波尔多液或 65% 代森锰锌可湿性粉 500 ~ 600 倍液，每 7 ~ 10 天喷 1 次，连续 2 ~ 3 次，以达到防治目的。

2. 地老虎、蛴螬虫

幼虫为害，咬断幼苗或咀食幼根，造成断苗或根部空洞，危害严重。

防治方法：可用 75% 辛硫磷乳油，按种子量 0.1% 拌种；田间发生期，用 90% 敌百虫 1 000 倍液浇灌。

（四）采收加工

以秋季采挖为好，一般根茎繁殖的于栽后 1 ~ 2 年挖收，种子繁殖的于栽后 2 ~ 4 年挖收。秋季地上部枯萎后，挖取根茎，去掉茎叶，抖净泥土，削掉须根，除留种的根茎外，其余用清水洗净，放在蒸笼内蒸 10 ~ 20 分钟，蒸至透心，取出边晒边揉至全干，即成商品。黄精根茎折干率为 20% ~ 30%。2 年后采收一般每 667 平方米可产干根茎 200 千克，3 年后采收每 667 平方米可产干根茎 300 千克，4 年后采收每 667 平方米可产根茎 400 千克左右，高产可达 600 千克。黄精商品规格以货干、色黄、油润、个大沉重、肉实饱满、体质柔软、无霉变、干僵皮者为佳。

二十一、白　术

白术为菊科苍术属植物白术。以根茎入药，具有燥湿利水、健脾益气止，治疗用于脾虚食少，腹胀腹泻，痰饮眩悸、水肿、胎动不安，止汗，安胎之功效。主产于浙江新昌、天台、东阳、于潜，湖南平江、宁呈，江西修水，湖北通城、利川，河北、山东等省也可以引种栽培。陕西省普遍有栽种，连黄土高原都引种成功。

（一）植物特性

白术为多年生草本，高 30 ~ 60 厘米。根状茎肥厚，略呈拳状。茎直立，上部分枝。叶互生，叶片 3，深裂或上部茎的叶片

不分裂，裂片椭圆形。边缘有刺。头
状花序顶生，总苞钟状，花冠紫红
色，瘦果椭圆形，稍扁。花期 7~9
月，果期 8~10 月。喜凉爽气候，怕
高温高湿。据杭州药材试验场观察白
术在气温 30℃以下时，植株生长速度
随气温升高而加快，如气温升至 30℃
以上时生长受到抑制，而地下部的生
长以 26~28℃为最适宜。白术较能耐
寒，在北京能安全越冬。白术对土壤

水分要求不严格，但在苗期适当浇水。如此时干旱，幼苗生长迟
缓，但高温高湿季节，应注意排水，否则容易发生病害。生长后
期，根状茎迅速膨大，这时需保持土壤湿润，如土壤干燥对根状
茎膨大有影响。白术对土壤要求不严格，酸性的黏壤土、微碱性
的沙质壤土都能生长，以排水良好的沙质壤土为好，而不宜在低
洼地、盐碱地种植。育苗地最好选用坡度小于 15°~20°的阴坡
生荒地或撂荒地，以较瘠薄的地为好，过肥的地白术苗枝叶过于
柔嫩，抗病力减弱。

白术不能连作，种过之地须隔 5~10 年才能再种，其前作以
禾本科为佳，因禾本科作物无白绢病感染（小麦、玉米、谷
子）。不能与花生、元参、白菜、烟草、油菜、附子、地黄、番
茄、萝卜、白芍、地黄等作物轮作。

（二）栽培技术

1. 育苗

白术在播种前翻土，覆盖杂草，烧土消毒，防止病虫害发
生，将种子与沙土混合并加入新高脂膜播入田间，驱避地下病
虫，隔离病毒感染，加强呼吸强度，提高种子发芽率。幼苗出土
后用新高脂膜喷施在植物表面，防止病菌侵染，提高抗自然灾害
能力，提高光合作用效能，保护禾苗苗壮成长。

（1）整理苗床　白术在播种前一个月翻土，覆盖30厘米厚的杂草，烧土消毒，防止病虫害发生，烧完土后将草灰翻入土中。如不经烧土，可在头年冬天进行翻土，使土壤经过冰冻充分风化。土地经过处理后，做成100～130厘米宽，高约15厘米的畦，畦面呈弧形，中间高，四周低，每公顷施用人粪尿7 500～11 250千克作为基肥。

（2）播种　播种3月下旬至4月上旬，在干旱季节宜先在温水中浸泡种子24小时，捞起与沙土混合播入田间，如果有灌溉条件的地方，可不浸种。播法分撒播和条播两种。撒播每公顷150～112.5千克种子，每公顷生产种术300～450千克，每0.5千克有140～150个种术。条播每公顷60～75千克，行距16厘米，播幅6～10厘米开浅沟。深约3～5厘米，沟底要平，使出苗一致。覆土3厘米，1公顷育苗田可供150公顷大田用苗，在出苗前土壤应保持足够温度，或上面盖蒿草或厩肥，避免土壤板结。后一种方法常用，容易管理。

（3）苗期管理　幼苗出土后，间去密生苗和病弱苗，及时锄草，苗高3～6厘米时浅锄，锄草的目的在于可使在天气干旱时浇水或在行间插枝条或覆盖草以达到遮阴的目的。苗高5～6厘米时，可按株距6～10厘米定苗，看苗的情况，苗期追肥1～2次，每公顷施人粪尿2 250千克加水3倍，以稀粪或尿素为好。

用量不宜过多，7月下旬至9月下旬此时是根形成期，所以多追肥。10月下旬至11月上旬（霜降后立冬前）术苗叶色变黄时，开始挖取种栽，选择晴天去除茎叶和须根，在离顶端1厘米处剪去枝叶，切勿伤主芽和根状茎表皮，阴干2～3天待表皮发白水分子后进行贮存。

（4）种术贮存方法　选择干燥荫凉地方，避免日光直晒，用砖砌成方框，先铺3～5厘米厚的沙，再铺一层9～12厘米厚的种术，再放一层沙，堆至30厘米高，堆放的中央插几束稻草以利通风。上面盖层沙或土，开始不宜太厚，防止发热烧烂。冬季严寒时，再盖层稻草，沙土要干湿适中，沙太干会吸收种术水分，沙太湿会使种术早期发芽。种术贮存期间，每隔15～30天检查1次，发现病术应及时排除，以免引起腐烂。如果种术萌动，要进行翻动，以防芽的增长。小量贮藏装入缸罐，缸口覆沙或用青松叶遮盖，青松叶干燥后宜随时更换，并应经常检查，发现腐烂术立即剥除。挖坑贮藏：选背阴处挖100厘米深的坑，长度视种术多少而定，把种术放坑内15厘米厚，覆土5厘米，气温下降加厚，最冷盖30～50厘米，10～20天检查1次。另一种是露天贮存，即种术不刨出来，留在地里越冬。

（5）选择种术　收获后与下种前均可进行，但以收获后一面整理种术，一面按品质好坏分大中小，除掉病术。选择标准：形状整齐、无病虫害、芽饱满、根茎上部细长、下部圆形，而且大如青蛙形，且密生柔软细根，主根细短或没有主根，以在高山生地种的品质为优良。凡种术畸形，顶部为木质化的茎秆，细根粗硬稀少，主根粗长和在低山熟地种的，则品质低劣，种植后生长不良，容易感染病害，不宜选择。

2. 整地下种

12月下旬至第二年3月下旬（冬至至次年春分）均可下种。一般可根据土壤、气候条件而提早或推迟。早下种的多先长根，后发芽，根系长得深，发育健壮，抗旱及吸肥力均强。土层浅薄的地区保温差，可推迟在2月、3月间下种。下种深度5～6厘米，浅播易滋生侧芽，术形不美，寒冷地方易受冻害，深植过度，则抽芽困难，术形细长，降低品质。

栽种方法可分为条栽、穴栽两种。前者畦宽200厘米，后者畦宽130厘米，行株距26厘米×13厘米，20厘米×13厘米等，栽种密度每公顷15 000～180 000株，种术量每公顷750千克左右。

3. 田间管理

（1）中耕除草　浅松土，原则上做到田间无杂草，苗未出土前浅松土，苗高 3～6 厘米时除草，土不板结，雨后露水未干时不能除草，否则容易感染铁叶病。7 月下旬至 9 月下旬正是长根的时候，拔草一个月 1～2 次。

（2）追肥　施足基肥以腐熟厩肥或堆肥等为主。基肥每公顷用人粪尿 11 250 千克，过磷酸钙 375～525 千克。5 月上旬，苗基本出齐，施稀薄人粪尿 1 次，每公顷 7 500 千克。结果期前后是白术整个生育期吸肥力最强，生长发育最快，地下根状茎膨大最迅速的时候。一般在盛花期每公顷施人粪尿 15 000 千克，过磷酸钙 450 千克。方法：在株距间开小穴施后覆土，在早晨露水干后进行。

（3）灌溉排水　白术忌高温多湿，须注意做好排水工作。如排水不畅，将有碍术株生长，易得病害。田间积水易死苗，要注意挖沟、理沟、雨后及时排水。8 月下旬根状茎膨大明显，需要一定水分，如久旱需适当浇水，保持田间湿润，否则影响产量。

（4）特殊管理

①摘除花蕾：为了促使养分集中供应根状茎促其增长，除留种株每株 5～6 个花蕾外，其余都要适时搞蕾，一般在 7 月中旬至 8 月上旬，即在 20～25 天内分 2～3 次摘完。摘花在小花散开、花苞外面包着鳞片略呈黄色时进行，不宜过早或过迟，摘蕾过早，术株幼嫩，会生长不良，过迟则消耗养分过多。以花蕾茎秆较脆，容易摘落为标准。一手捏住茎秆，一手摘花，须尽量保留小叶，防止摇动植株根部，亦可用剪刀剪除。摘蕾在晴天、早晨露水平后进行，免去雨水浸入伤口，引起病害或腐烂。

②盖草防旱：白术种植于山地，因山地土壤结构较差，保水力弱，灌溉不便，在谷雨后和大暑前，术地可盖鲜草一层，防止土壤水分过分蒸发，在平坝地区，亦应进行盖草工作，另外，可

用地膜法，既防旱又防杂草生长和病害发生。

（5）选留良种　在白术摘除花蕾前，选择术株高大，上部分枝较多，健壮整齐，无病虫害的术株为留种用，每株花蕾早而大的花蕾作种，剪去结蕾迟而小的花蕾，促使种产饱满。立冬后，待术株下部叶枯老时，连茎割回，挂于阳光充足的地方，10～15天后脱粒，去掉有病虫害瘦弱的种子，装在布袋或纸袋内贮存于阴凉通风处。如果留种数较多，不便将茎秆割回，可只将果实摘回放于通风阴凉处，干后将种子打出贮存，备播种用。

（三）病虫害及其防治

1. 白绢病

又称"白糖烂"。在4～6月或8～9月高温多雨季节，尤以土质黏重，排水不良的术地多见，初期在术周围的表土上，发现白色绢丝状的白毛（半知菌的菌丝）由术株周围附近逐渐扩大，布满土面与土隙间；并在术株离土面0.6～1厘米处，株秆的周围及土层下16～20厘米深处，沿着主根或细根附着小米、大米颗粒（菌核）由小变大，呈乳白色，后逐渐变为淡黄，最后呈褐色，发病严重时，白术根腐烂，术株周围泥土变成黑色，气味腐臭，蔓延很快。

防治方法：

①和禾本科作物轮作；②选无病害种栽，并用50%退菌特1 000倍溶液浸种后下种；③栽种前每公顷用15千克五氯硝基苯处理土壤；④及时挖出病株，并用石灰消毒病穴；⑤用50%多菌灵或50%甲基托布津1 000倍液浇灌病区。

2. 立枯病

又叫烂茎瘟。苗期病害，早春因阴雨或土壤板结，发病重，受害苗基部呈褐色干缩凹陷，使幼苗折倒死亡。

防治方法：①土壤消毒，种植前用五氯硝基苯处理土壤；②发病期用五氯硝基苯200倍液浇灌病区。

3. 铁叶病

病叶呈铁黑色，后期病斑中央呈灰白色，上生小黑点。

防治方法：①清理田间卫生，烧毁残株病叶；②发病初期喷 1：1：100 波尔多液或 50% 退菌特 1 000 倍液，7 ~ 10 天 1 次，连续 3 ~ 4 次。

4. 锈病

又叫黄斑病，叶上长病斑，梭形或近圆形，褐色，有黄绿色晕圈。叶背病斑处生黄色颗粒状物，破裂后期出黄色粉末。

防治方法：①打扫田间卫生，烧毁残株病叶；②发病初期喷 97% 敌锈钢 300 倍液，或 0.2 ~ 0.3 波美度石硫合剂，7 ~ 10 天 1 次，连续 2 ~ 3 次。

5. 根腐病

又叫干腐病，病原是真菌中一种半知菌，伤害根壮茎，使根壮茎干腐，维管束系统呈褐病变。

防治方法：①和禾本科轮作；②选用无病健壮的栽于作种，并用 50% 退菌特 1 000 倍液浸 3 ~ 5 分钟，晾干后下种；③发病期用 50% 多菌灵或 50% 甲基托布津 1 000 倍液浇灌病区。

6. 菟丝子

又叫金丝藤，是一种寄生性种子植物，发生的原因是白术种子里面混来的。7 ~ 8 月份发病严重。

防治方法：①水旱轮作；②选掉混进术种子里边的菟丝种子；③发现后早期除掉；④施用鲁保一号防治，土制粉剂每公顷 22.5 ~ 37.5 千克喷粉，或喷洒菌液，土制品每公顷 11.25 ~ 15 千克或工业品每公顷 3.75 ~ 6 千克加水 1 500 千克喷雾。

7. 地老虎

白术苗出土后至 5 月，地老虎危害最强烈，一般人工捕杀为主。术苗期，每日或隔日巡视术地，如发现新鲜苗子和术叶被咬断过，在受害术株上面上有小孔，可挖开小孔，依隧道寻觅地老虎的躲藏处，进行捕杀。至 6 月后术株稍老，地老虎危害逐渐减轻。

8. 术蚜

在 3 月下旬至 6 月上旬（春分至芒种）危害最严重。

防治方法：用鱼藤精 1 份加水 400 份，于充分搅匀后，在清晨露水平后喷射，效果良好。

9. 蛴螬

从立夏至霜降期间，白术收获前，均有危害，在小暑至霜降前危害最强烈。

防治方法：①人工捕杀。在 9～10 月间早翻土，此时，蛴螬还未入土深处越冬，在翻上时应进行深翻细捉；②用桐油、硫酸铜（俗称胆矾）防治。在摘除花蕾后，结合第 3 次施肥时，每 50 千克粪水加桐油 200～300 克防治。

10. 白蚁

自大暑后，术株主秆较老，白蚁食白术块根上部接近表土中的茎秆，受害白术株枯黄，以致枯死。

防治方法：在大暑后将嫩松枝截成 33 厘米左右的松枝段，埋于术地的行间，诱集白蚁蛀食。每隔 10 余日捕杀 1 次，可以避免受害。

11. 术籽虫

属鳞翅目螟蛾科，为害白术种籽。

防治方法：①冬季深翻地，消灭越冬虫源；②水旱轮作；③白术初花期，成虫产卵前喷 50% 敌敌畏 800 倍液，7～10 天 1次，连续3～4 次；④选育抗虫品种，选阔叶矮秆型白术，能抗此虫。

（四）采收加工

1. 采制

采收期在定植当年 10 月下旬至 11 月上旬（霜降至冬至），茎秆由绿色转枯黄，上部叶已硬化，叶片容易折断时采收。过早采收术株还未成熟，块根鲜嫩，拆下率不高，过迟新芽萌发，块根养分被消耗。要防止冻伤，选择晴天，土质干燥时挖出。晒干或烘干，晒干15～20天。日晒过程中经常翻动的白术称为生晒术，烘干的白术称为烘术。烘干时，烘烤火力不宜过强，温度以不烫手为宜，经过火烘4～6小时，上下翻转一遍，细根脱落，再烘至8成干时，取出堆积5～6天，使内部水分外渗，表皮转软，再行烘干即可。以个大、体重、无空心、断面白色的白术为质量好，一般每公顷可收2 250～3 000千克。

冬季采挖，除去泥沙，烘干或晒干，再除去须根。

性状：根茎呈拳形团块，长3～13厘米，直径1.5～7厘米。表面灰黄色或灰棕色，有瘤状突起及断续的纵皱纹和须根痕，顶端有残留茎基和芽痕。质坚硬，不易折断，断面不平坦，黄白色至淡棕色，有棕黄色的点状油室散在。气清香，味甘、微辛，嚼之略带黏性。

2. 药材炮制

生白术：拣净杂质，用水浸泡，浸泡时间应根据季节，气候变化及白术大小适当掌握，泡后捞出，润透，切片，晒干。

炒白术：先将麸皮撒于热锅内，候烟冒出时，将白术片倒入微炒至淡黄色，取出，筛去麸皮后放凉（每白术片100斤*，用麸皮10斤）。

焦白术：将白术片置锅内用武火炒至焦黄色，喷淋清水，取出晾干。

土炒白术：取伏龙肝细粉，置锅内炒热，加入白术片，炒至外面挂有土色时取出，筛去泥土，放凉（每白术片100斤，用伏龙肝粉20斤）。

---

* 1斤＝0.5千克

二十二、苍 术

苍术为菊科苍术属的植物。多年生直立草本，分布在朝鲜、俄罗斯以及中国的江苏、湖南、吉林、河南、山西、浙江、黑龙江、四川、甘肃、湖北、江西、安徽、陕西、辽宁、内蒙古自治区、河北等地，生长于海拔 50 ~ 1 900 米的地区，多生在灌丛、林下、野生山坡草地或岩缝隙中，属化湿药，根茎入药。

（一）生物学特性

多年生草本。根状茎肥大呈结节状。茎高 30 ~ 50 厘米，不分枝或上部稍分枝。叶革质，无柄，倒卵形或长卵形，长 4 ~ 7 厘米，宽 1.5 ~ 2.5厘米，不裂或 3 ~ 5 羽状浅裂，顶端短尖，基部楔形至圆形，边缘有不连续的刺状牙齿，上部叶披针形或狭长椭圆形。头状花序顶生，直径约 1 厘米，长约 1.5 厘米，基部的叶状苞片披针形，与头状花序几等长，羽状裂片刺状；总苞杯状；总苞片 7 ~ 8 层，有微毛，外层长卵形，中层矩圆形，内层矩圆状披针形；花筒状，白色。瘦果密生银白色柔毛；冠毛长 6 ~ 7 毫米。喜凉爽气候，耐旱，忌积水。最适生长温度 15 ~ 22℃，幼苗能耐 -15℃左右低温。以半阴半阳、土层深厚、疏松肥沃、富含腐殖质、排水良好的沙质壤土栽培为宜。生于中低山阴坡灌丛、草丛、林下及林缘、柞林下或灌丛间较干燥处。

药材性状呈不规则连珠状或结节状圆柱形，略弯曲，偶有分枝，长 3 ~ 10 厘米，直径 1 ~ 2 厘米。表面灰棕色，有皱纹、横曲纹及残留须根，顶端具茎痕或残留茎基。质坚实，断面黄白色或灰白色，散有多数橙黄色或棕红色油室，暴露稍久，可析出白色细针状结晶。气香特异，味微甘、辛、苦。

1. 茅苍术（南苍术）

多年生草本。根状茎横走，节状。茎多纵棱，高 30～100 厘米，不分枝或上部稍分枝。叶互生，革质；叶片卵状披针形至椭圆形，长 3～8 厘米，宽 1～3 厘米，先端渐尖，基部渐狭，中央裂片较大，卵形，边缘有刺状锯齿或重刺齿，上面深绿色，有光泽，下面淡绿色，叶脉隆起，无柄，不裂，或下部叶常 2 裂，裂片先端尖，先端裂片极大，卵形，两侧的较小，基部楔形，无柄或有柄。头状花序生于茎枝先端，叶状苞片 1 列，羽状深裂，裂片刺状；总苞圆柱形，总苞片 5～8 层，卵形至披针形，有纤毛；花多数，两性花或单性花多异株；花冠筒状，白色或稍带红色，长约 1 厘米，上部略膨大，先端 5 裂，裂片条形；两性花有多数羽状分裂的冠毛；单性花一般为雌花，具 5 枚线状退化雄蕊，先端略卷曲。瘦果倒卵圆形，被稠密的黄白色柔毛。花期 8～10 月，果期 9～12 月。

分布于山东、江苏、安徽、浙江、江西、河南、湖北、四川等地，各地多有栽培。

2. 北苍术

本种与茅苍术的区别是：叶片较宽，卵形或长卵形，一般羽状 5 深裂，茎上部叶 3～5 羽状浅裂或不裂，叶缘有不规则的刺状锯齿，通常无叶柄；头状花序稍宽，总苞片 5～6 层，较茅苍术略宽；退化雄蕊先端圆，不卷曲。花期 7～8 月，果期 8～9 月。

分布于东北、华北及陕西、宁夏、甘肃、山东、河南等地。

3. 关苍术

本种与上述两种主要区别为：叶有长叶柄，上部叶 3 出，下部叶羽状 3～5 全裂，裂片长圆形，倒卵形或椭圆形，基部渐狭而下延，边缘有平伏或内弯的刚毛锯齿。花期 8～9 月，果期

9～10月。

分布于黑龙江、吉林、辽宁、内蒙古、河北等地。

（二）栽培技术

苍术生于山坡较干燥处或草丛中，生活力很强。荒山、瘦地均种植，喜凉爽气候，排水良好、地下水位低、土壤结构疏松、富含腐殖质的沙质壤土生长最好。忌低洼地，水浸根易乱。

苍术在我国分布较广，关内及东北内蒙古都有分布。以内蒙古和东北所产的苍术为上品。内蒙古产的苍术，在药材的横断面有朱砂点，在国内销售较好。东北所产的苍术，药材的横断面没有朱砂点，药材粗大，产量高，出口特别受欢迎。苍术虽然适应性较强，但还是喜欢排水良好的沙质壤土坡地。在选择地块时，必须选择坡地，以利排水，否则在雨季时遇到连雨天容易烂根，造成植株死亡。

1. 选地与整地打床

选择气候凉爽、排水良好的腐殖质壤土或沙壤土，坡地、山地、荒地均可。

在选择好的地块上，先在地面上扬施化肥或农家肥。化肥以磷酸二铵为好。每亩地（667 平方米）施 40 斤即可，一定要扬匀。然后耙平耙细，打床，在打床之前，还要在地面扬一些杀虫药，防止地下害虫危害幼苗。床宽 1.2 米，高度 20 厘米。整平耙细，拣出石块等杂物。

2. 繁殖方法

（1）种子繁殖　种子繁殖：8～10 月待种子外被的较毛呈黄棕色时，分批采摘花序，放阴凉处干燥，脱粒、扬场，装入布袋贮藏备用。用直播或育苗移栽法。直播法于 3 月中旬至 4 月上旬，按行株距 20 厘米×10 厘米开穴，每穴播 4～5 粒，覆薄细土，以盖满种子为度，浇水。育苗移栽法，撒播，覆稻草一层，浇水保湿。种子发芽率50%左右，温度在 16～18℃时经 10～15 天出苗。培育 1～2 年，3 月上旬移栽，按行株距 20 厘米×20 厘米开穴，穴深 6～8 厘米，随挖随栽，每穴 2～3 株。根茎繁殖：结合收获，挖取根茎，将带芽的根茎切下，其余作药用，待切口晾干后，按行株距 20 厘米×20 厘米开穴栽种，每穴栽 1 块，覆土压实。

（2）分株繁殖　春季 4 月，将老苗连根挖出，抖去泥土，用刀将每蔸切成若干小蔸，每一小蔸带 1～3 个根芽，然后按育苗定植法栽植，幼苗期直勤除草，定植后须中耕、除草、为防幼苗歪倒应培土并追施稀粪 1～2 次。

3. 浇水与除草

在整个生长季节，一定要做到见草就除，以防杂草与苍术苗争水争光。当种子发芽后如果遇到干旱天气，必须浇水，否则幼苗容易因缺水而死亡。

4. 追肥

幼苗期勤除草松土，施稀人粪尿或硫酸铵 1～2 次 5 月施 1 次提苗肥，7～8 月增施磷、钾肥，开沟环施，结合培土，以防倒伏；6～8 月抽茎开花时，要摘除花蕾，促进根茎肥大；施肥之后一定要浇水，以防化肥烧苗。多雨季节要清理墒沟，排除田间积水，以免烂根。10 月培土保苗越冬。

（三）病虫害防治

因为苍术适应性较强，抗旱抗病能力较强，所以很少得病害，只是在高温雨季时，叶片容易出现干枯的情况，在发病初期，可以喷施百菌清等杀菌药。

病害有根腐病，5 月、6 月发病，要注意开沟排水，发现病株立即拔除，用退菌特 50% 可湿性粉剂 1 000 倍液或 1% 石灰水落浇，赤可用 50% 托布津 800 倍液喷射。

虫害有蚜虫为害叶片和嫩梢，尤以春夏季最为亚重，可用化学药剂，或用 1:1:10 烟草石灰水防治。另有小地老虎为害。

（四）采收加工

栽培 2～3 年后，于秋末冬初或翌年初春，挖掘根茎，除掉残茎，抖掉泥土，晒干后用木棒敲打或装入筐内撞击，除去须根；或晒至九成干后用火燎掉须根，再晒至全干。

南苍术多在秋季采挖，北苍术分春秋两季采挖，但以秋后至春季苗未出土前质量较好，人工种者，两年内收获。南苍术挖出后，除净泥土。残茎、晒干后用律打掉毛须或晒至九成干后，用火燎掉毛须即可。北苍术挖出后，除去茎叶或泥土，晒至四五成平时装入筐内，撞掉须根，即呈黑褐色，再晒至六成干，撞第2次，直至大部分老皮撞掉后，晒至全干时再撞第3次，到表皮呈黄褐色为止。

根据炮制方法的不同分为苍术、麸炒苍术、制苍术、炒苍术、焦苍术，炮制后贮干燥容器内，置阴凉干燥处，防潮，防泛油。

第三章 花类药材栽培

一、红 花

红花，为菊科红花属一年或二年生草本植物，干燥花冠供药用，是著名的传统大宗药材。具有活血通经、散淤止痛等功能，常用于治疗痛经、闭经、冠心病心绞痛、跌打损伤、淤血作痛、关节酸痛疮疡肿痛等病症。红花是油药兼用的经济作物，在国外及我国新疆等地已将红花作为新的油料作物。

（一）生物学特性

红花的适应性较强，对土壤、气候等主要生长条件要求不严格，以中性的沙壤土生长最好。红花在我国北方为春季播种，生育期120天左右，在南方为秋季播种，生育期250天左右。

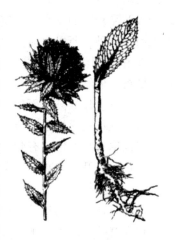

种子千粒重 36～50 克，适宜的发芽温度为 18～25℃，8～10℃ 种子可以萌发。种子发芽率90%以上，温度 15～18℃ 时播种 10～12 天出苗，种子寿命 2 年以上。幼苗较耐低温，适宜生长温度18～20℃。在沈阳地区栽培，3月下旬播种，4月上旬出苗，5月下旬出现分枝，6月中旬初花，6月下旬盛花，7月中旬种子成熟，植株枯萎，生长期120天左右。

（二）栽培技术

1. 选地整地

种植红花应选择地势高燥、光照充足、排水良好、土层深厚、肥力中等的沙壤土地。重黏土、低洼积水及盐碱地不可选用。大面积栽培时应注意要选择大气、水质、土壤无污染的地区，并且要远离交通的主干道。前茬以豆科、禾本科植物为好。

选地后每亩施充分腐熟的农家肥2 500千克，过磷酸钙或磷酸二铵20千克，深翻30厘米，将土耙细，耧平做畦，畦高20~25厘米，畦宽1~1.2米，也可以做成40~45厘米宽的大垄栽培。适当增加氮肥用量是高产的基础，同时也应注意磷肥和钾肥的配合施用。每亩可收获干花18千克以上。

2. 播种

（1）选种及种子处理　红花在我国栽培的历史很久，长时间的栽培，各地区不断相互迁移引种，受不同地区各种生态环境影响以及品种间的杂交，致使品种发生许多变化，再加上不断从外地引进新种，所以目前国内红花品种多而杂。从作用上分有药用红花和油用红花；从花的颜色上分，大致可分为白、浅黄、黄、橘黄、橘红、红色6种；在药用红花中以藏红花为佳，产量少、价格贵、疗效高。而从植株形态上可分为有刺红花和无刺红花。有刺红花抗逆性强，分枝多，开花早，花和种子的产量高，种子含油率较高，但因有刺，采花和采种子十分不便。无刺红花抗逆性稍差，开花略晚，花期短，花的产量低，但因无刺，容易采收，生产上较为方便。

选种时首先要选药用红花，同时要注意选抗逆性强、病虫害少、植株健壮、高度适中、分枝多、花序大、花色红、开花早、产量高、质量好的品种。选种后在播种之前用40~50℃水浸种10分钟，再转入冷水中冷却之后，晾去表面水分即可播种。

（2）播种时间及方法　红花在我国南方栽培多采用秋播，秋播幼苗扎根深，抗灾力强，收获早，产量高；播种时间在9月下旬至 10 月中旬，播种过早幼苗生长旺，翌年抽茎早，植株高，产量低；播种过晚，出苗不齐或幼苗过小，影响越冬。北方地区因幼苗不能越冬，多采用春播，时间在 3 月下旬至 4 月上旬，春播宜早不宜晚，最晚不能晚于 4 月末。红花种子在地温 5 ~ 8℃时就能萌发出土，土壤解冻后就可以播种，如果播种过晚，植株长势细弱，花序分枝少，病虫害较多，开花结实时间正赶在 7 月下旬的雨季，给采花和采种子带来不便，花的产量低，质量差。因播种晚，收获时间相对后延，给下茬秋季作物栽培带来不便。

播种时多采用条播，行距 35 ~ 45 厘米，顺畦开沟，沟深 4 ~ 5 厘米，将种子均匀撒在沟内，覆土 3 厘米，镇压，每亩用种子 2 ~ 2.5 千克。有的地区采用穴播，行距 35 ~ 45 厘米，在畦面或垄上按株距 20 ~ 25 厘米开穴，每穴播种 3 ~ 4 粒，埋土踏实，每亩用种子 1.5 ~ 2.0 千克。根据资料报道，北方生长期较短的地区，可以采用地膜覆盖播种，方法是整地后先穴播，播后覆上地膜，开始出苗后将苗的上部地膜剪三角形口，使幼苗露出膜外，地膜覆盖可以提高土壤温度和湿度，出苗时间比不盖地膜提早 10 ~ 14 天，花和种子产量明显提高。

3. 田间管理

（1）间苗 中耕除草幼苗全部出土后结合松土进行除草，苗高 5 ~ 6 厘米（3 ~ 4 片真叶）进行第 1 次间苗，苗高 8 ~ 10 厘米时第 2 次间苗，并按株距要求定苗。穴播每穴留苗 1 ~ 2 株，条播每亩留 1 万 ~ 1.2 万株。

（2）追肥 定苗后在 4 月下旬至 5 月上旬第 1 次追肥，为促进茎叶生长，适量增施氮肥。孕蕾期进行第 2 次追肥，为促进开花结实，适量增施磷、钾肥，施肥量及肥料配比可以参照选地、整地项内的经济施肥配比。孕蕾后期至开花初期，叶片喷施 0.3% ~ 0.5% 磷酸二氢钾溶液，可以促进开花结实。

（3）打尖 培土红花抽茎之后，株高 60 ~ 80 厘米时，如果土壤肥力好，植株长势旺盛，可以将植株除去顶芽，促进下部增加分枝，增加花蕾数，提高产量。如果土壤肥力差，植株长势较弱，可以不必打尖。在红花孕蕾之后，植株上部分枝增多，全株呈现"头重脚轻"现象，此时极易倒伏，此时要适当向根部周围培土，防止因下雨、刮风造成倒伏。

（4）排灌　苗期如遇严重干旱，应及时浇水保持土壤湿润，使幼苗正常生长。孕蕾后期至果熟期，如遇雨季应注意田间排水、防涝，使植株正常开花结实。

（三）病虫害防治

1. 锈病

本病在辽宁、吉林、内蒙古及新疆等地有分布，在高温多雨季节发病严重，主要为害叶片，发病时叶片背部产生许多暗褐色小疣状物，表皮破裂时散出大量褐色粉末，病害严重时造成叶片局部或全部枯死。防治措施是选育优良品种；播种之前种子用15%粉锈宁拌种，用量为种子量的0.2%～0.4%；采收后清理田间残体，集中烧掉；发病初期喷施15%粉锈宁800～1 000倍液、97%敌锈钠600倍液、仙生500倍液均可，每隔10天1次，交替使用，连续2～3次。

2. 炭疽病

俗称烂颈瘟，民间也叫烂脖子病，是红花重要病害之一。发病严重时造成大面积减产。病菌生长适宜温度为20～25℃，相对湿度在60%以上，因此，多在6月下旬后阴雨多湿的环境下发生。受害部位多在花蕾下部及茎枝部分，发病时先出现褐色、黑色斑点，慢慢扩大成长圆形黑褐色或棕褐色病斑，受害部位出现烂梢、烂茎、花蕾枯黄，下垂，不能开花结实。防治方法是选育抗病品种；播种前种子用温水浸种或用药剂拌种消毒；注意按要求选地，适时早播与禾本科植物轮作；发病初期用65%代森锌500倍液或50%退菌特1 000倍液，每隔7～10天喷药1次，连续2～3次。

3. 蚜虫

红花在生长期间虫害较少，在春天干旱季节要注意防治蚜虫危害幼嫩茎叶，可用 40% 乐果乳油或 80% 敌敌畏 1 500 ~ 2 000 倍液喷雾防治。

应当注意，各种病虫害防治的喷药时间应该在开花前进行，采收花朵前 10 ~ 15 天应禁止打药，以免药材受到农药污染。

（四）采收与加工

北方地区红花的开花时间为 6 月中下旬，当花朵由初开时的黄色多数已变成红色或橙红色时即可采收。采收过早，花朵没有完全成熟，采收时花冠不能全部摘出，产量低，质量差。采收过晚，花朵开始萎蔫，采摘时花冠易断，费工，费时，花朵容易结块，产量和质量都差。采花时多在上午 8 点前进行，此时露水尚未全干，花序外围苞片的刺较软，不易扎手，采摘方便，采收的花朵应及时摊晾在苇席上，在阴凉通风处晾晒，如遇雨天，应当在 40 ~ 50℃ 条件下烘干，不能堆放或压的很紧。一般亩产干花 12 ~ 20 千克，折干率 20% ~ 22%。药材应以花细，色红而鲜艳，无枝刺，无杂质，质柔润，微有香气，手握时软如茸毛者为佳。

二、金银花

金银花，为忍冬科忍冬属多年生缠绕灌木。以花入药，常称双花。具有清热解毒、散热疏风功能。主治风热感冒、咽喉肿痛、温病发热、痈肿疔疮、热毒下痢、肺炎。主产于山东、河南，全国大部分地区均有种植。

（一）生物学特性

茎中空，多分枝，幼枝绿色或暗红褐色，密生黄褐色硬毛，并杂有腺毛和柔毛。花成对腋生，初开白色，后渐变黄色；花梗密生短柔毛；苞片叶状，1 对，卵形或椭圆形，长 2 ~ 3 厘米，小苞片长约 1 毫米，离生，花萼筒状、短小，5 裂，端尖，有长

毛；花冠筒状，长3~4厘米，白色，基部向阳面稍带紫色，后变黄色，外面有倒生开展或半开展糙毛和长腺毛，唇形，上唇4裂，下唇反转；雄蕊5；子房上位，花柱和雄蕊超出花冠。浆果球形，熟时黑色，有光泽。花期4~6月，果期7~10月。

金银花对土壤要求不严，根系发达，耐旱、耐寒、耐瘠薄。生于山坡灌丛或疏林中、田埂、路边等处，多有栽培。

一二年生枝条扦插成活率高、发育快、寿命长，但是开花迟，一般3年以上才开花。三年生枝条扦插成活率低，越老越低，发育亦慢，寿命也短，但开花早，一般2~3年就可开花。5~20年为开花盛产期，之后逐渐衰退，老花墩寿命可达30年。

（二）栽培技术

1. 选地整地

苗圃地最好选地势平坦，便于灌溉和排水，耕作层深厚，较肥沃的微酸性沙质壤土或壤土。pH值稍低于7.5为好，pH值8以上不能育苗。金银花虽对土壤要求不严，但要高产优质，应选地势平坦、土层深厚、肥沃排水良好的沙壤土为好。深翻土地，施足底肥。为防止地下害虫，育苗地每亩可撒施甲敌粉1.5~2千克，老苗圃也可施些硫酸锌或硫酸亚铁。苗圃做成宽1米、长15米的平畦。

2. 繁殖方法

（1）种子繁殖　种子繁殖金银花果实8~10月成熟时采收，采后堆成堆，厚度小于30厘米，5~7天后熟，于水中搓净果皮、果肉，背阴处晾干。除去秕粒保存。冬播种子可以入袋干藏，上冻前播种；春播种子可以沙藏。沙藏法为：选地势较高，土层深厚，背阴的南墙根，挖深40厘米、宽50厘米的沟，长视种子多少而定。先在沟底铺5~6厘米厚的湿沙。沙的湿度以手握成团，松手即散为宜。将1份种子、4份沙混匀放入沟内，上面先盖1层草席，再盖10厘米的沙，最上面盖15厘米厚的土，使成圆弧形。如种子数量多，每隔1米立1秫秸把，由沟底直通地面，以通气防霉烂。种子贮存期间应定期检查，前期沙的水分不宜过大，立春后稍干可适当洒水，注意保墒，适时播种。

种子沙藏时间一般35~45天为宜，当地播种日期向前推算，加上沙藏天数，即是开始沙藏的日期。沙藏温度2~7℃为好，不能低于-5℃和高于15℃。冬播发芽早，幼苗旺。但因种小，盖土浅，易受鸟食，常出苗不齐。作畦撒播，将贮藏的沙种再混1倍沙，撒后盖细土0.5~0.7厘米，上盖草帘。每亩用种1.0~1.25千克。

播种后管理：经常洒水保温，当出苗30%左右时，揭除草帘，待苗出齐后才能满畦灌水。每亩留苗15万~16万株，经常除草、松土、浇水。幼苗生长期，视情况可适当追施尿素2~3次，每次每亩7.5~10千克。当苗高15~20厘米时，摘心、促发新枝，以后再进行2~3次，至7月每株可有4~8个分枝，雨季来临即可出圃移栽。

（2）扦插繁殖　金银花枝条容易发根，再生力强，成活率高，平均气温5℃以上即可扦插，目前多用此法。

①扦插时间：一年四季除严冬外，据山东产区试验均可大田扦插，成活率都很高。

②扦插苗床：应选水源充足、灌溉和排水方便、土层深厚肥沃、疏松的沙质壤土。要求土壤既不板结，又不能过于松散，保水、肥力强，有利于生根、发芽。苗床最好东西向，夏秋便于遮阴。整地方法同种子育苗。

③选择插穗：春扦应选择生长健壮、充实、发育良好，无病虫害、无损伤的1~2年生枝条。这种枝条一般为棕褐色，有青

绿色的纵裂，直径 0.4～0.7 厘米。夏、秋扦插应选当年生新梢下部木质部充实的部分，上部太嫩，产生愈合组织的能力差，不宜作插穗。多年生枝条发芽力弱，生出枝条纤细瘦弱，作插穗也不好。

选好插穗，接着进行剪截。一般长度留 16～18 厘米，2～3 对腋芽，腋芽上部留 1～1.2 厘米，防抽干。上部以芽取齐，下部不管节、芽一律取齐。春插剪好后应每 200 根 1 捆，随时埋入沙内，保持水分；夏插一般边剪边插，将下部几节叶片去掉，仅留上边的 1 对叶子即可。

④扦插方法：每畦 6 行，株距 2 厘米，每亩 16.6 万株。先开沟深 20 厘米，将插穗南向斜插于地下，深度以刚露出上面 1 对芽为度，覆土踏实，大水漫灌，使插条与土密接，成活率 90% 以上。

⑤苗床管理：插后春季 20 天，夏、秋 12 天左右即萌发新根。据试验，春插先发芽后生根，夏秋插先生根后发芽。要保持地面湿润，防止板结。经常喷水、松土、除草。新梢长到 15～20 厘米即行摘心，促发新枝，一般进行 3～4 次。1 月左右追施尿素 1 次，每亩 5～7.5 千克，以后视情况再追肥 1～2 次，一般 3～5 个月出圃。也可利用夏、秋阴雨连绵季节，选 1～2 年生、健壮无病虫害的枝条，截成长 30～40 厘米，去掉下部叶子直接栽种。株距 1.5～2 米，穴深 30 厘米，每穴 6～8 条，上面露出 1～2 对芽，遇旱及时浇水，成活率 95% 以上。产区也有分株繁殖的，与直接扦插相同，只是每穴 1 株。

（3）移栽　产区除严冬外，一年三季都可移栽。幼苗一般分级移栽（平邑分 30～50 厘米高和 50 厘米高以上两级）。在整好的土地上，按要求的株行距挖长、宽、深各 30 厘米的穴。3 株成"品"字形栽植，浇定根水踏实，根部培土墩。

3. 田间管理

（1）中耕除草　金银花园地要每 4 年深翻 1 次（40～50 厘

米）。方法是距主干20~30厘米以外进行。每年冬春都要结合施肥进行深刨、扩穴、清墩等工作，深度25~30厘米。每年夏季要进行3~4次中耕除草。

（2）施肥 金银花枝条上的花芽分化与植株营养状况有着密切关系。氮、磷、钾对金银花均有增产作用，其中以氮肥增产效果最大，而以氮、磷、钾配合施肥效果最佳。基肥在11月至翌年3月，以有机肥为主，亩施农家肥2 000~2 500千克。结合翻地撒施，也可沟施（环状、放射状沟施）、穴施等。春节追肥，在距花墩周围30厘米处开15厘米深的环形沟，追施有机肥后封土。一般5年以上的大花墩，每墩施农家肥5千克、硫酸铵50~100克、过磷酸钙150~200克。小花墩依此量酌减。每茬花采完后，均要适当追肥。头茬花后每亩追施尿素15千克，过磷酸钙20千克。开浅沟撒施于植株旁后封土。以后每采完一次花，均要追肥，施肥量可比头茬花稍减。封冻前应施1次牛马粪，每墩用量5千克。

（3）灌溉和排水 金银花喜干燥气候，但在不同的生长发育阶段对水的要求是不一样的。一般在每次孕蕾期间要严格控制浇水，宁旱勿涝，提高绿原酸含量。但在一年的两头，即春季萌芽期（3月上旬）和初冬都要浇水。前者可提前发芽孕蕾2~3朵，花墩旺盛，后者可提高地温，促进受伤根愈合，也为来年做好基础。在雨季要注意排水，金银花虽抗涝，但长期水渍，生长不良，也降低有效成分含量。

（4）植株修剪 金银花是多年生植物，喜光性强，生命力旺盛，一年多次生长，要想丰产、优质、延长植株寿命，必须整形修剪。

①整形修剪的好处：骨干布局合理；通风透光、墩势健壮；更新墩势、延长寿命；合理密植，便于管理；减少病虫害、提高产量。

②修剪的原则：因枝修剪、随墩造型；长远规划，全面安

排；平衡墩势，通风透光。

③修剪的基本方法：短剪：就是将1年生枝剪去一段。在枝条4~5节处剪叫轻短剪，在2~3节处剪叫重短剪。疏枝：把1个枝条从基部剪去叫疏枝。通常用于密挤或细弱枝条。缩剪：对多年生拖秧枝，剪去一部分或大部分称之缩剪。摘心抹芽：在生长季节把新梢的顶心摘去即摘心，抹芽是对某些部位长枝后，没有用处的基芽或不定芽抹去。

④主要丰产墩形的结构：自然圆形空间利用率高，通风透光、病虫害少，丰产，适于密植。缺点是整形难，结实晚。方法是留主干1个，高20厘米左右，一级骨干枝2~3个，二级骨干枝7~11个，三级骨干枝18~25个，结花母枝80~100个，自然均匀分布在主干上，无一定格局，以通风透光为原则，墩高1~1.2米，冠径0.8~1米；伞状形成形早，收获快，但花身易着地，常有捂秧现象。方法是留主干3个，高15~20厘米。一级骨干枝6~7个，二级骨干枝12~15个，三级骨干枝20~30个，结花母枝80~120个。上下左右均匀排列，不拘一格，以充分利用光能为原则。墩高0.8~1米，冠径1.2~1.4米，上小下大像一把伞。

（5）整形修剪的时期和方法

①修剪时期：一是冬剪，即休眠期的修剪，从12月至翌年3月均可进行；二是绿期修剪，即生长期的修剪，从5~8月中旬均可进行。

②整形修剪的方法：1~5年生幼龄墩的修剪方法：这个时期的修剪主要是以整形为主，结花为辅。重点培养好一级、二级、三级骨干枝，构成牢固的骨干架，为以后丰产打下基础。

第一年冬，根据选好的墩形，选出健壮的枝条，自然圆头形留1个，伞状形留3个，每个枝留3~5节剪去上部，其他枝条全部剪去。

第二年冬，主要是培养一级骨干枝。自然圆头形在主干枝上选留 2～3 个，伞状形选留 6～7 个新枝作一级骨干枝，每个枝条留 3～5 节剪去上部。选留标准：一是基部直径 0.5 厘米以上；二是角度 30°～40°；三是分布均匀，错落着生。其他枝条一律去掉。

第三年冬，选留二级骨干枝，更好地利用空间。自然圆头形留 7～11 个，伞状形选留 12～15 个，留 3～5 节剪去梢上部，作为二级骨干枝。方法、标准同上，其余全部去掉。

第四年冬，一是选留 3 级骨干枝，二是利用新生枝条调整二级骨干枝。自然圆头形留 18～25 个，伞状形留 20～30 个，作为三级骨干枝。方法标准同前。

第五年冬，骨干架已基本形成。一是选留足够的结花母枝，二是利用新生枝条调整骨干枝的角度、方向，分清有效枝和无效枝，去弱留强。选留的结花母枝基部直径必须在 0.5 厘米以上，每个二级骨干枝最多留结花母枝 2～3 个，每个三级骨干枝最多留 4～5 个，全墩留 80～120 个，母枝间距离 8～10 厘米，不能过密，对结花母枝仍留 2～5 节剪去上部，其他全部疏除。

成龄墩的修剪方法：5 年以后，金银花进入结花盛期，整形已基本完成，转向丰产稳产阶段。这时的修剪主要选留健壮的结花母枝。来源 80% 是一次枝，20% 是二次枝，结花母枝需年年更新，越健壮越好。其次是调整更新二三级骨干枝，去弱留强，复壮墩势。修剪步骤：先下后上，先里后外，先大枝后小枝，先疏枝后短截。疏除交叉枝、下垂枝、枯弱枝、病虫枝及全部无效枝。留下的结花母枝短截，旺者轻截留 4～5 节，中者重截留 2～3 节。枝枝都截，分布均匀，布局合理，枝间距仍保持 8～10 厘米。土地肥沃、水肥条件好的可轻截，反之重截。一般墩势健壮的可留 80～100 个结花母枝。

老龄枝的修剪：20 年以后的金银花，修剪除留下足够的结花母枝外，主要是进行骨干枝更新复壮，多生新枝，使墩龄老而枝龄小，方可保持产量。方法是疏截并重，抑前促后。

绿期修剪的方法：绿期修剪主要是促进多茬花的形成。时间是在每次盛花期后进行。第 1 次剪春梢在 5 月下旬（头茬花后）；第 2 次剪夏梢在 7 月中旬（二茬花后）；第 3 次前秋梢在 8 月中旬（三茬花后）。先疏去全部无效枝，壮枝留 4～5 节，中等枝留 2～3 节短截，枝间距仍保持 8～10 厘米。

（三）病虫害防治

1. 褐斑病

症状：本病是一种真菌病害。患病植株叶片上呈圆形或受叶脉所限呈多角形病斑，黄褐色，潮湿时背面生有灰色霉状物。7～8 月病较重。

防治方法：一是清除田间病枝落叶，减少病菌来源。二是加强栽培管理，增施有机肥料，增强抗病力。三是用 65% 代森锌 500 倍液或抗枯宁 500 倍液喷雾防治。在发病前和发病初期，每隔 5～7 天喷 1 次，连续喷 3～5 次。

2. 蚜虫

症状为害金银花的蚜虫主要有中华忍冬圆尾蚜和胡萝卜微管蚜。以成虫和幼虫刺吸叶片汁液，使叶片发黄卷缩，影响叶片的光合作用。花蕾期受蚜虫为害，花蕾畸形。

防治方法：用 80% 敌敌畏乳剂 1 000 倍液或 40% 乐果乳油 1 000 倍液喷雾防治。每隔 7～10 天喷 1 次，连续喷 2～3 次，最后 1 次用药须在采花前 10～15 天进行，以免农药残留而影响金银花质量。

3. 咖啡虎天牛

症状：此病是金银花重要蛀茎性害虫。一般 1 年发生 1 代，被害植株长势衰弱，连续几年被害，则整株枯死。初孵幼虫先在木质部表面蛀食，随着虫体增大逐渐向木质部纵向蛀食，在木质部上形成迂回曲折的虫道。虫孔内充满木屑和虫粪，十分坚硬，枝干表面无排粪孔，很难发现。

防治方法：4～5 月为成虫发生期和幼虫初孵期，用 80% 敌敌畏乳剂 1 000 倍液喷雾防治。采用生物防治既环保又省工。在田间释放天牛肿腿蜂，防治效果良好。放蜂时间为 7 ~ 8 月，气温在 25℃以上的晴天最好。

4. 豹纹木蠹蛾

症状：以幼虫为害茎枝。一年发生 1 代。幼虫孵化后即从枝杈或新梢处蛀入，3 ~ 5 天后被害新梢枯萎，幼虫长至 3 ~ 5 毫米后从蛀入孔排出虫粪，容易被发现。有转株为害的习性。幼虫在木质部和韧皮部之间咬 1 圈，使枝条遇风易折断，被害枝的一侧往往有几个排粪孔，虫粪长圆柱形，淡黄色，不易碎。9 ~ 10 月份出现枯枝。

防治方法：一是及时清理花墩，收二茬花后，一定要在 7 月下旬至 8 月上旬结合修剪，剪掉有虫枝，如修剪太迟，使幼虫蛀入下部粗枝再截枝，对花墩生长势有影响。二是 7 月中下旬为幼虫孵化盛期，是药剂防治的适期、可用 40% 乐果乳油 1 000 倍液加入 0.3% ~ 0.5% 的煤油后喷洒，以促进药液向茎秆内渗透，增强防治效果。每 5 ~ 7 天喷 1 次，连续喷 2 ~ 3 次。

5. 柳干木蠹蛾

症状：以幼虫为害金银花茎枝。一般 2 年发生 1 代，跨越 3 年。幼虫孵化后，先群居于金银花茎枝老皮下为害，生长到 10 ~ 15 毫米后逐渐扩散。但当年幼虫常数头由主干中下部和根际蛀入韧皮部和浅木质部为害，形成较宽的虫道，排出大量的虫粪和木屑，严重破坏植株的生理机能，阻碍植株养分和水分的输导，致使金银花叶片变黄而脱落。染病植株 8 ~ 9 月份花枝干枯。

防治方法：一是加强田间管理，适时施肥、浇水，促使金银花生长健壮，提高抗虫力。二是在幼虫孵化盛期，用 40% 乐果乳油 1 000 倍液加 0.5% 煤油喷洒枝干，或用 40% 乐果乳油 1 份加水 1 份配成药液浇灌根部，即在花墩周围挖穴，深 10 ~ 15 厘米，每墩灌药液 20 毫升左右，视花墩大小适当增减药液，然后覆土压实。由于药液浓度高，使用时要注意安全。

6. 金银花尺蠖

症状：该病为害金银花叶片。该虫发生严重时叶片可全被吃光，只存枝干。

防治方法：清理田园，减少越冬虫源；在幼龄期，用80%敌敌畏乳油 1 000 倍液喷雾防治。

（四）采收与加工

适时采摘，是提高金银花产量和质量的重要环节。金银花开放时间集中，必须抓紧时机采摘，一般 5 月中下旬采摘第 1 次花，6 月中下旬采摘第 2 次花。在花蕾上部膨大，但未开放，呈青白色时采摘最适宜。采摘过早，花蕾青绿色、嫩小，产量低；过晚，容易形成开放花，降低质量。应选晴天上午露水刚干时采收。

金银花采收后，应立即晒干或烘干。晒干，即将采下来的花蕾放在晒盘上，厚度以不超过 3 厘米为宜，翌日再晒至全干。烘干，即将花蕾放在晒盘内，置于烘干室内，加温烘干。烘干时，初烘时温度不宜过高，一般为 30 ~ 35℃；烘干 2 小时后，温度升至 40℃ 左右；5 ~ 10 小时温度升至 45 ~ 50℃；烘 10 小时后，鲜花水分大部分排出，再把温度升至 55℃，使花迅速干燥。一般烘 10 ~ 20 小时即可全部烘干。烘干时不能翻动，否则易变黑；未干时不能停烘，停烘易发热变质。烘干的花蕾比晒干的花蕾产量高。墩产鲜花 200 ~ 250 克，折干率为（4 ~ 5）∶1。

三、辛　夷

辛夷为木兰科木兰属植物望春花（紫玉兰）、玉兰（白玉兰），落叶乔木。花作为药用常称辛夷。在冬末春初采收。具有散风寒、通鼻窍功能。主治风寒头痛、鼻塞、鼻炎等症。主产于湖北、江西、河南、山东、四川、河北江浙等地。

（一）生物学特性

株高 3 ~ 5 米，干皮灰白色，小枝紫褐色，平滑无毛。叶互生，倒卵状椭圆形，伞缘。顶生冬芽卵形，被淡绿色绢毛。花大而单一，生于小枝顶端，呈钟形，紫红色和白色，先花后叶。聚合果圆筒形。花期 2 ~ 5 月，果期 6 ~ 7 月。

性喜温暖、湿润气候。喜阳光，适应性较强，耐旱，较耐寒，在 – 15℃ 的低温下，能露地越冬。适宜土质疏松肥沃、排水良好的沙壤土栽培。忌积水。

（二）栽培技术

1. 选地整地

选土质疏松肥沃、排水良好、较干燥的沙壤土。每亩施有机肥 3 000 千克，深翻 20 ~ 25 厘米，整细耙平，做宽 120 ~ 150 厘米的平畦或高畦，并开好排水沟。

2. 繁殖方法

（1）种子繁殖　在 9 月果轴呈紫黄色、果实将升裂时采收果实，晾子后脱粒，选籽粒饱满、色泽鲜艳的种子与 3 倍量湿沙混合，挖坑层积贮藏。秋播、春播均可。播前将种子放在温水中浸种 3 ~ 5 天，捞出盖稻草或麻袋，经常保持湿润，经 25 天左右即可播种。按行距 25 ~ 30 厘米开沟，沟深 3 ~ 4 厘米，将种子按 3 ~ 5 厘米的株距播入沟内，覆土盖草，保持土壤湿润，经 25 天左右，或翌年 3 ~ 4 月出苗。出苗后揭除盖草。幼苗培育 2 年后，于秋季苗高 100 ~ 200 厘米时即可移栽。移栽时按行株距 5 米 ×（3 ~ 5）米开穴，穴宽 40 ~ 60 厘米、深 30 ~ 40 厘米，施入基肥后栽植。

（2）嫁接繁殖　在 8 ~ 9 月，从健壮的优质丰产树上，选择发育充实的一年生枝条的饱满芽作接穗，选茎粗 1~1.5 厘米的 2 年生实生苗作砧木，在砧木距离地面高 6 厘米处，用芽接刀切 T 字形口，长约 1 厘米，深至韧皮部，再从接穗取下芽，嵌入砧木切口内贴稳，用塑料包扎干湿适度的培养土，生根后剪下定植。

（3）压条繁殖　于 2~3 月花谢后未发叶时，将母株接近地面的细枝条攀下，弯曲埋入土中，将压入土中部分用木钩钩牢，覆土乐紧，秋季压条生根后剪断定植。也可用高压法，选生长健壮枝干，用塑料包扎下湿适度的培养土，生根后剪严定植。

3. 田间管理

（1）中耕、除草　播种出苗后，中耕、除草时结合间苗密苗和弱苗，之后再进行松土、除草 2~3 次。

（2）追肥　苗高 5~10 厘米时，施 1~2 次人畜粪水，每次每 6~7 平方米施 2 千克，施后浇水。定植后，每年于 10~11 月在根周围开环环状沟施入厩肥、饼肥、堆肥，每株 25 千克左右。早春采花蕾后，每株施尿素 0.5~1 千克。

（3）修剪　早春采收花蕾后，进行适当修剪，剪去过密枝、叉枝、病虫枝、徒长枝。冬季修剪，多培养重短花枝。

4. 病虫害防治

主要害虫有蓑蛾、刺蛾、木蠹蛾、介壳虫、红蜘蛛、蚜虫等蓑蛾幼虫缀叶成虫包在其中取食叶肉；刺蛾以幼虫取食叶片，造成缺刻和孔洞；木蠹蛾以幼虫先蛀入细枝，稍长大后转蛀粗枝及主枝梢部，常将枝梢虹成孔，周围变黑褐色，树枝易折断、枯死；介壳虫、红蜘蛛、蚜虫等刺吸叶片及枝干汁液。

防治方法：摘除越冬虫囊，黑光灯诱杀蓑蛾和刺蛾成虫；发现刺蛾幼虫为害，可喷灭幼脲 3 号或青虫苗等生物制剂进行防治；对介壳虫等刺吸式害虫可用速扑杀、久效磷、阿维菌素等进行防治。

（三）采收与加工

1. 采收

实生苗移栽后 5 ~ 7 年开花，嫁接苗成活后第 2、第 3 年开花。于 12 月至翌年 1 ~ 2 月采集未开放的花蕾，采时连花梗摘下。

2. 加工

花蕾采回后，除去杂质。晒至半干时，收回室内堆放 "发汗" 1 ~ 2 天，再晒至全干，即成商品。以身干、花蕾完整、肉瓣紧密、芽饱满肥大、香气浓郁者为佳。

第四章　果实种子类药材栽培

一、连　翘

连翘，为木犀科连翘属多年生落叶灌木。以果实入药，具有清热解毒、散结、消肿功能。主治温病湿热、风热感冒、痈疡疮黄肿毒。

（一）生物学特性

连翘生于山野荒坡灌木丛中或林下，多有栽培。连翘植株高2~3米。枝条细长，开展或下垂。种子多数狭椭圆形，棕色，扁平，一侧有薄翅。连在土壤湿润，温度15℃条件下，约15天出苗。苗期生长慢，生育期较长，移栽后3~4年开花结果。

连翘生长发育与自然条件密切相关。3月气温回升，先叶开黄花，5~9天花渐凋落，20天左右幼果出现，叶蒂形成；5月气温增高，展叶抽新枝，平均日照在6.4小时，连翘生长处于旺盛期。平均日照7.3小时，连翘生长达到高峰期。9~10月果实成熟，蒴果宿存。

（二）栽培技术

1. 选地整地

宜选择土层较厚、肥沃疏松、排水良好、背风向阳的山地。除苗床整地外，一般只挖穴种植。

2. 繁殖方法

（1）种子繁殖　于3月底至4月上旬将种子播在整好的苗床内，行距30厘米左右，覆细土1~2厘米，再覆草保持土壤湿润，半个月左右出苗，在苗高15~20厘米时间苗，按株距10厘米定苗，并追施硫酸铵和稀薄人粪尿，促使旺盛生长，当年秋季或第二年早春即可植于大田。

（2）分株繁殖　于秋季落叶后、春季发芽前，将连翘树旁萌发的幼苗、带根挖出，进行移栽，按株、行距1.3米×2米挖穴栽种。

（3）扦插繁殖　5~6月选1~2年生的嫩枝条，剪成30厘米长的插条，插入土中，行距30厘米，株距15厘米。培育2年后即可定植。

（4）压条繁殖　用连翘下垂的枝条，在春季压入土中，使生根成为新株，第2年春季剪断母株，即可栽植。

3. 田间管理

（1）定植　苗床深耕20~30厘米，耙细整平，做宽1.2米的畦。于冬季落叶后到早春萌发前均可进行。先在选好的定植地上，按行株距2米×1.5米挖穴（222株/亩），穴径和深度各70厘米，先将表土填入坑内达半穴时，再施入适量厩肥或堆肥，与底土混拌均匀。然后，每穴栽苗1株，分层填土踩实，使根系舒展。栽后浇水，水渗后，盖土高出地面10厘米左右，以利保墒。连翘属同株自花不孕植物，自花授粉结实率极低，约占4%，若单独栽植长花柱或短花柱连翘，均不结实。因此，定植时要将长、短花柱的植株相间种植，才能开花结果，这是增产的关键。

（2）中耕除草与施肥　定植后于每年冬季在株旁松土除草1次，并施入腐熟厩肥或饼肥和土杂肥，幼树每株2千克；结果树每株10千克，于株旁挖穴或开沟施入，施后盖土、培土，以促幼树生长健壮，多开花结果。在连翘修剪后，每株施入灶土灰2千克、过磷酸钙200克、饼肥250克、尿素100克。于树冠下开环状沟施入，施后盖土、培土保墒。早期株行距间可间作矮秆作物。

（3）整形修剪　定植后，幼树高达1米左右时，于冬季落叶后，在主干离地面70~80厘米外剪去顶梢。再于夏季通过摘心，多发分枝，从中在不同的方向上，选择3~4年发育充实的侧枝，培育成为主枝。以后在主枝上再选留3~4个壮枝，培育成为副主枝，在副主枝上，放出侧枝，通过几年的整形修剪，使其形成低干矮冠、内空外圆、通风透光、小枝疏朗、提早结果的自然开心形树型。同时干每年冬季，将枯枝、包叉枝、纤弱枝和病虫枝等剪除。生长期还要适当进行疏删短截。对已经开花结果多年、开始衰老的结果枝群，也要进行短截或重剪（即剪去枝条的2/3），可促使剪口以下抽生壮枝，恢复树势，提高结果率。

（三）病虫害防治

1. 钻心虫

症状：以幼虫钻入茎秆木质部髓心为害，严重时被害枝不能开花结果，甚至整枝枯死。

防治方法：用80%敌敌畏原液药棉堵塞蛀孔毒条，也可将受害枝剪除。

2. 蜗牛

症状：4月下旬至5月中旬转入药材田，为害幼芽、叶及嫩茎，叶片被吃成缺口或孔洞，直到7月底。若9月以后潮湿多雨，仍可大量活动为害，10月转入越冬状态。上年虫口基数大、当年苗期多雨、土壤湿润，蜗牛可能大批发生。

防治方法：清晨、阴天或雨后人工捕捉，或在排水沟内堆放青草诱杀；密度达每平方米3~5头时，用90%敌百虫晶体800~1 000倍液喷雾。

3. 蝼蛄

症状：以成、幼虫咬食刚播下或正在萌芽的种子或嫩茎、根茎等，咬食根茎呈麻丝状，造成受害株发育不良或枯萎死亡。有时也在土表钻成隧道，造成幼苗吊死，严重的也出现缺苗断垄。

防治方法：用 40% 甲基异柳磷乳油 50 毫升或 50% 辛硫磷乳油 100 毫升，对水 2～3 千克，拌麦种 50 千克，拌后堆闷 2～3 小时。

（四）采收与加工

连翘定植后 2～3 年开花结果。一般于霜降后，果实由青变为土黄色时，果实即将开裂时采收。采收未成熟青绿色果实，用沸水煮片刻，晒干后称"青翘"；果实熟时发黄而开裂后采收，晒干，称"老翘"或"黄翘"。

将采回的果实晒干，除去杂质，筛去种子，再晒至全干即成商品。中药将连翘分为青翘、黄翘、连翘芯 3 种。

1. 青翘

于 8～9 月上旬前采收未成熟的青色果实，然后，用沸水煮片刻，或用蒸笼蒸半小时，取出晒干即成。

2. 黄翘

于 10 月上旬采收熟透的黄色果实，晒干即成。

3. 连翘芯

将果壳内种子筛出，晒干即为连翘芯。青翘以身干、不开裂、色较绿者为佳；黄翘以身干、瓣大、壳厚、色较黄者为佳。

二、山茱萸

山茱萸，为山茱萸科灯台树属落叶灌木或小乔木。以果肉入药，具有补益肝肾、涩精止汗功能。主治腰膝酸痛、阳痿遗精、眩晕耳鸣、大汗虚脱。山西省的主产区在阳城县莽河一带。浙江、河南、安徽等省也为主产区。

（一）生物学特性

山茱萸一年之中的生育期可分为：展叶期（2 月下旬至 4 月中旬）、新梢生长期（3 月下旬至 6 月下旬）、花芽分化期（5 月上旬至 7 月下旬）、蕾期（8 月下旬至翌年 2 月中旬）、花果期（4 月上旬至 9 月中旬）、落叶休眠期（10 月下旬至翌年 2 月上旬）。由此可见，山茱萸枝、叶、花果的生长及花芽分化都集中在 3～6 月。当生长环境不佳时（尤其是营养），山茱萸落果严重。因此，大小年结果问题突出，一直是丰产的限制因素。

山茱萸适宜温暖湿润的气候，喜阳光，要求土质肥沃，土层深厚、排水良好的壤质土。但产区为低山丘陵地区，土壤较瘠薄，土层浅，所以山茱萸的合理施肥是其提高产量的关键措施。

（二）栽培技术

1. 选地整地

选择排水良好，肥沃疏松的沙壤土或壤土地。pH 值低于 4.5 则生长不良。目前，各产区山茱萸生长结果最佳的土壤为石灰岩发育的黑色淋溶石灰土、花岗岩发育的山区红黄壤。每亩施圈肥 1 500 千克，深耕 20～25 厘米，耙细整平，做成宽 1.2 米的畦准备播种。

2. 繁殖方法

（1）有性繁殖

①种子采摘：秋季果熟时选壮大果实，除去果肉、洗净。因种子皮厚而硬，播种前需催芽。

②种子处理：将种子放置于 1%～2% 碱液中，手搓 3～5 分钟，然后加开水烫，边倒开水边搅拌，直至水浸没种子为止。凉一会，再搓 3～5 分钟，后用冷水泡 24 小时，再将种子捞出放在水泥地晒 8 小时，如此反复 3 天，待有 90% 种壳裂开，即用湿沙与种子按 4：1 混合后沙藏。

③播种育苗：在春分前后，将已破头萌发的种子挑出播种，播前在畦上按 25 厘米的行距开深 5 厘米左右的浅沟，将种子均匀撒入沟内覆土 3～4 厘米，保持土壤湿度，40～50 天可出苗。每亩需用种子 2 千克。幼苗长出 2 片真叶时进行间苗，苗距 7 厘米，除杂草，6 月上旬中耕，入冬前浇水 1 次，并给幼苗根部培土，以便安全越冬。

④移栽：第二年春季苗高 60 厘米可以移栽。以发梢前移栽最好。按行距 3 米 ×2 米定株，穴深 60 厘米，穴直径 80 厘米。栽植以后及时养护管理。

（2）无性繁殖　无性繁殖植株可早 6～8 年结实，保持优良母树的特性。选果大、果多、肉厚、出皮率高作母株。温度低的地区应注意晚花单株的选择，使花期避开低温多雨的天气。

①压条繁殖：秋季收果后或大地解冻芽萌动前，将近地面二三年生枝条弯曲至地面，将切至木质部 1/3 枝条埋入已施腐熟厩肥的土中，盖 15 厘米沙壤土，枝条先端露出地面。勤浇水，压条第 2 年冬或第 3 年春将已长根的压土扒开，割断与母株连接部分，将有根苗另地定植。

②扦插繁殖：5 月中下旬将优良植株的枝条切成 15～20 厘米，枝条上部保留 2～4 片叶，插入腐殖土和细沙混匀所做的苗床，行株距为 20 厘米 ×8 厘米、深 12～16 厘米，覆土 12～16 厘米，压实。浇足水，盖农用薄膜，保持气温 26～30℃，相对湿度 60%～80%，上部搭荫棚，透光度 25%，6 月中旬透光度调至 10% 避免强光照射。越冬前撤荫棚，浇足水。翌年适当松土拔草，加强水肥管理，深秋冬初或翌年早春起苗定植。

3. 田间管理

（1）苗期管理　出苗前要保持土壤湿润。出苗后除杂草。幼苗期苗高 15 厘米时可锄草并追肥 1 次。若小苗太密，在苗高 12～15 厘米时可间苗。幼苗松土施肥 2～3 次。当年幼苗达不到定植高度时，入冬前浇 1 次冻水，加盖杂草或牛马粪，以利保温保湿安全越冬。

（2）定植后的管理

①灌溉：1年应有3次灌溉。第1次在春节发芽开花前，第2次在夏季果实灌浆期，第3次在入冬前。

②施肥：氮、磷、钾肥对山茱萸的增产效果显著。施肥中以氮肥为主，磷、钾肥配合，以土壤施肥为主，叶片喷施配合，重施冬肥、幼果肥，轻施花肥。一般基肥在定株时施用，每亩施农家肥 4 000 ~ 5 000 千克。追肥在幼苗期每年春秋两季各追有机肥一次，施肥量小树每株 3 千克，大树（5 年以上）每株 5 ~ 7 千克，结果期每年追肥 3 次。第 1 次在 9 月下旬至 11 月中旬，每株追农家肥 25 ~ 40 千克；第 2 次在翌年 3 月中下旬，每株追施尿素 0.15 ~ 0.2 千克；第 3 次在 4 月下旬至 5 月上旬，每株追施尿素 0.5 千克或复合肥 0.5 千克。追肥方法以穴施为宜。

③剪枝：幼树高 1 米时，2 月间打去顶梢，促侧枝生长。幼树期，每年早春将树基丛生枝条剪去，促主干生长。修剪以轻剪为主，促进营养枝迅速转化为结果枝。将过细、过密的枝条及徒长枝从基部剪掉，以利通风透光，提高结实率。对于主枝内侧的辅养枝，应在 6 月间进行环状剥皮、摘心、扭枝，以削弱生长势，促进早结果，早丰产。幼树每年培土 1 ~ 2 次，成年树可 2 ~ 3 年培土 1 次，若根露出土，应及时壅根。

（三）病虫害防治

1. 灰色膏药病

症状：多发生在 20 年以上树干或树枝上。病斑圆形、椭圆形，或不规则形状，鼠灰色、暗灰色，像膏药一样贴在枝干上。

防治方法：砍去有病老树，轻度染病树可用刀去菌丝膜，涂上石灰乳或 5 波美度的石硫合剂。5 ~ 6 月发病初期用 1∶1∶100 倍波尔多液喷施。

2. 角斑病

症状：5 月中旬开始为害叶片，病初叶片正面出现不规则多角形小斑点，渐渐布满全叶，病斑紫褐色，后期叶边干枯卷缩，脱落。

防治方法：清除病叶，通风透光，增施磷钾肥。5 月份树冠喷洒 1：2：200 倍波尔多液。10～15 天 1 次，连续 2～3 次。病初喷 75% 百菌清可湿性粉剂 500～800 倍液 2～3 次，每 7～10 天 1 次。

3. 炭疽病

症状：6～7 月开始发病，为害幼果。病初病斑为褐色斑点，大小不等，等扩展为圆形、椭圆形、不规则大块黑斑。感染部位下陷失水而变成黑褐色枯斑，严重时形成僵果。

防治方法：冬季清洁田园，选育抗病良种。可喷 1：1：100 倍波尔多液保护果实，萌芽前喷 75% 百菌清可湿性粉剂或 50% 可湿性退菌特或多菌灵 1 000 倍液消灭越冬越菌。

4. 蛀虫蛾

症状：9～10 月为害果实。

防治方法：于 8～9 月羽化期用 0.5% 溴氰菊酯乳剂 5 000～8 000倍液，或 26% 杀灭菊酯 2 000～4 000 倍液喷雾；选育抗病良种；采收后及时加工，减少害虫蔓延。

5. 木尺蠖

症状：7～10 月幼虫咬食叶片。10～20 年树易发生。

防治方法：冬季落叶后人工捕杀，发生期用 90% 敌百虫 1 000 倍液喷雾。

（四）采收与加工

10 月前后果实由绿变鲜红时及时采摘，由于采收时下年花蕾已形成，因此要注意保护花蕾，勿折伤枝条，造成翌年减产。采收后除去果柄和杂质，然后加工。

1. 水煮

将果实放入沸水中烫 10 分钟左右，上下翻动至果实膨胀柔软，捞出稍晾后用手挤出果核，再将果肉晒干或烘干，要随烫随加工。

2. 火烘

将果实置于竹筐内用文火烘至果皮膨胀，冷却后挤出果核。

3. 水蒸

将果实放入蒸笼中蒸 5 分钟，取出稍晾后挤出果核。

以上 3 种加工方法以火烘法，成品色泽鲜红肉厚、质佳。

山茱萸商品不分等级，以肉质肥厚、色红、油润者为佳，肉薄色浅者次，含果柄、果核等杂质不得超过 3％，含水分不超过 18％。贮藏时用麻袋或木箱包装，置阴凉干燥处存放，防潮和霉蛀，经常检查，防止包内发热。

三、王不留行

王不留行，为石竹科麦蓝菜属麦蓝菜，一二年生草本植物。以种子入药，味苦，性平。有行血调经、消肿止痛、下乳消肿的功能。主治闭经、乳汁不通、乳腺炎、痈疖肿毒等症。主产于河北、黑龙江、吉林、辽宁、山西、山东等地。

（一）生物学特性

植株高 30～70 厘米，全株光滑无毛，稍被白粉。茎直立，上部呈叉状分枝，节膨大，单叶对生，无柄。种子多数，黑紫色，球形，有明显粒状突起。

喜温暖湿润气候，怕干旱和积水，干旱则植株生长矮小，积水或低洼地则易烂根绝产。喜疏松肥沃，排水良好的沙质壤土种植。种子发芽率较高，一般在 80％ 以上，寿命较长，在 3 年以上。无休眠期，极易发芽，温度在 18～25℃，有足够湿度，播种后 5～7 天即可发芽出苗。花期 5～6 月，果熟期 6～7 月。生育期较短，只有 90～100 天。

（二）栽培技术

1. 选地整地

王不留行对土壤要求不严格，但应选疏松肥沃和排水良好的沙质壤土。低洼易积水的土地栽种易烂根。地选好后结合秋耕施用腐熟的厩肥，每亩 3 000～4 000 千克，同时施入过磷酸钙 20～30 千克。耙细整平，做宽 1.2 米，高 10 厘米，长 10～20 米高畦或起 45～60 厘米小垄。

2. 繁殖方法

用种子繁殖，于 4 月下旬至 5 月上旬播种。按行距 20～25 厘米开浅沟，深 2～3 厘米播种，覆土 1～1.5 厘米，播后稍镇压，若土壤干燥，播后需浇水，5～7 天即可出苗。每亩播种量 1～1.5 千克。垄种播种方法同畦种。

3. 田间管理

（1）中耕除草　生长期应经常除草松土，做到畦面无杂草，垄种可进行三铲三趟。

（2）间苗　当苗高 5 厘米时进行间苗，株距 5～7 厘米。苗高 10 厘米时，按株距 15 厘米定苗。

（3）灌排水　苗期干旱应及时灌水，保持土壤湿润，如雨季或雨水较多，应及时排出积水防止烂根。

（4）追肥　以氮肥和磷肥为主，苗期施氮肥。开花前施厩肥每亩 1 000 千克加过磷酸钙 15 千克。施后立即浇水，以利吸收。

（三）病虫害防治

1. 叶斑病

症状：病原是真菌中一种半知菌，为害叶片。病叶上形成枯死斑点，发病后期，在潮湿的条件下长出灰色霉状物。

防治方法：增施磷钾肥，增强植株抗病力；发病初期，喷65%代森锌500～600倍液，或50%多菌灵800～1000倍液，或发病前喷1∶1∶120波尔多液，每7天1次，连喷2～3次。

2. 红蜘蛛

症状：红蜘蛛5～6月份为害上部，严重时可使叶全部变黄枯萎，影响种子产量。

防治方法：可用40%乐果1000倍液喷雾防治。

（四）采收与加工

7～8月份，当地上部分变黄时即可采收。割下全株，晒干，打出种子，除去杂质再晒至全干即可药用。收获要及时，过晚种子易脱落。亩产干货王不留行100千克左右。质量以籽粒饱满、充实、大小均匀、色黑、无杂质者为佳。

四、枸　杞

枸杞，为茄科枸杞属多年生植物。以果（枸杞子）和根皮（地骨皮）入药，具有滋补肝肾、益精明目功能。主治头昏、耳鸣、虚劳咳嗽、糖尿病。主产于宁夏、内蒙古、新疆、河北、山西、山东、陕西、甘肃、青海等地，以宁夏产者最为闻名，畅销国内外。我国栽培历史已有1000多年，为重要常用中药和出口商品。

（一）生物学特性

枸杞为落叶灌木或栽培整枝后成小乔木，株高2～3米，主枝多条，粗壮，淡灰黄色。果枝披散，营养枝略向上斜生，具刺。种子多数扁肾形，棕黄色。花果期5～11月。在水肥充足的条件下，可边开花边结果，浆果红色或橘红色。

枸杞喜光耐寒、耐旱、耐瘠薄、耐盐碱。但以土层深厚、肥沃、排水良好的沙壤土和中性或微碱性的土壤为好。枸杞萌芽力强，每年4～8月都会从树体的不同部位发出许多新枝条，也从根部长出根蘗苗。枸杞自种子萌芽到第 1 次开花结果，需 1 ~ 2 年，这时枝条生长势逐渐增强，根系和树冠都迅速向外扩张，为营养生长期。在较好的栽培条件下，第 2 年开始结果，第 6 年进入大量结果期，10 ~ 25 年产量最高，30 ~ 40 年产量逐渐下降。

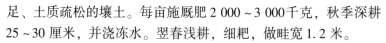

（二）栽培技术

1. 选地整地

选近水源、地势平坦、阳光充足、土质疏松的壤土。每亩施厩肥 2 000 ~ 3 000 千克，秋季深耕 25 ~ 30 厘米，并浇冻水。翌春浅耕，细耙，做畦宽 1.2 米。

2. 繁殖方法

用种子繁殖为主，也用扦插和根蘗苗繁殖。

①种子繁殖：种子准备：取优良品种的果实捣烂后用水淘洗，取沉底的种子晾晒干后保存作种用。

苗圃地准备：选地势平坦，灌溉方便，土质肥沃的沙壤或轻壤土，pH 值为 8 左右，土壤含盐量 0.2% 以下。土地先平整，结合翻地每亩施厩肥 2 000 ~ 3 000 千克，然后按 60 ~ 100 米大小作苗床。

播种：可在春、夏、秋 3 季播种，但以春播为主。春播在 3 月下旬至 4 月上旬。秋播在 8 月上中旬。因枸杞种子细小，一般每亩播 1 ~ 1.5 千克。按行距 40 厘米开沟条播，深 1.5 ~ 3 厘米，播后覆土 1 ~ 3 厘米厚。

苗圃管理：包括灌水、松土除草、间苗、追肥、抹芽。

灌水：如果播种后土壤墒情不好，种子不发芽出土，应灌水催苗。幼苗出土后因根系浅，要注意土壤墒情，常浅灌水，但在 8 月后要少灌水。

松土除草：当苗高达 1.5 ~ 3 厘米时松土除草 1 次，以后每隔 20 ~ 30 天松土除草 1 次。

间苗：当苗高 3 ~ 6 厘米时进行第 1 次间苗，株距约 6 ~ 9 厘米，当苗高达 6 ~ 9 厘米时进行第 2 次间苗（定苗），株距为 12 ~ 15 厘米，每亩留苗 1 万 ~ 1.2 万株。

追肥：结合灌水在 5 月、6 月、7 月追 3 次肥，每次每亩追尿素 7 ~ 8 千克。

抹芽：为保证苗木生长，应及时抹去幼苗在离地 40 厘米以下部位生长的侧芽。当苗高 60 厘米时应进行摘心，以加速主干和上部侧枝生长，当根茎粗达 0.7 厘米时，可出圃移栽。

②扦插繁殖：扦插能较好地保持母树的优良性状，苗木生长快，结果早。可用枝条扦插、根蘖、压条和嫁接繁殖，以扦插育苗较普遍。其方法是首先在优良母树体上采集 1 年生粗度在 0.3 厘米以上的已木质化枝条，剪成 18 ~ 20 厘米长的插穗，扎成小捆竖在盆中，用 15 毫克/升的萘乙酸浸泡 24 小时，或用 100 毫克/升的萘乙酸浸泡 2 ~ 3 小时，然后扦插。扦插时间可在 4 月上旬萌芽前或秋季进行。先在苗床上开扦插沟，深 15 厘米，沟距 40 厘米。按 6 ~ 10 厘米株距把插穗斜放在沟里，填土踏实，插穗上端留 1 ~ 2 个节露出地面。春季插后最好覆盖地膜保墒和提高地温。当新枝条长到 3 ~ 6 厘米时，只留一直立的健壮枝，把其余芽都抹掉。定植时间在 3 月下旬至 4 月上旬。定植行株距 2 米×2.5 米或 1.2 米×（1.6 ~ 2）米。定植前按行株距定点挖坑，坑深 30 ~ 40 厘米，长宽 30 ~ 40 厘米，栽植时每坑施腐熟厩肥适量，并与湿润土壤充分混合，将苗木放入坑内，让根系向四周伸展，然后向坑内填湿土，将树苗向上稍微提动，再填新土，分层踏实，最后覆盖些松土保墒。定植深度以苗木根茎与地面平为好。

3. 田间管理

（1）幼树培土　枸杞幼树生长快，尤其在良好的肥水条件下，发枝旺，树冠迅速扩大，可在树干基部垒 1 个直径 50 ~ 60

厘米，高 20~30 厘米的土堆，用它来扶持幼树。还可对过大的树冠进行疏剪或短截，以减轻树体上部重量，使树势恢复端直生长。

（2）翻晒园地及中耕除草　3月中旬至4月上旬翻晒春园，翻地深度，在行间以 10~15 厘米为宜，树冠下可浅一些。8月中下旬翻晒秋园，翻晒秋园深度，行间要求 18~22 厘米，树干附近浅些，以防伤根。5月、6月、7月上旬各进行1次中耕除草，深度 10 厘米左右。

（3）追施肥　10月下旬至11月上旬施基肥，然后冬灌。基肥可用羊粪、猪粪、厩肥、饼肥等。施肥量，一般成年枸杞每亩施羊粪 1 500 千克，饼肥 260 千克。幼年枸杞的施肥量一般为成年树的 1/3~1/2。其方法是在树冠边缘下方开环状沟，深 20~25 厘米，宽 40 厘米左右。另外，在枸杞春枝和花果生长旺盛时期很需要有充足的养分供应，尤其在基肥不足的情况下，更应及时补充一些速效肥料。一般在5月上旬追1次尿素。6月上旬和6月下旬至7月上旬各追1次磷铵复合肥。大树每次每亩 15~20 千克，幼树6千克左右。施肥方法有穴状或环状撒施并盖土，然后灌水以加速根系对肥料的吸收。还可进行树冠喷肥，配成 0.5% 的氮磷钾肥水，在枸杞花果期喷洒树冠，能提高果实产量和千粒重。

（4）灌溉和排水　根据枸杞对水分的需要，枸杞园灌水分为以下3个时期。

①4月下旬至6月上旬：这是枸杞新枝生长和开花结果期，需及时供给水分，一般在5月上旬灌头水，6月上旬灌二水。

②6月中旬至8月中旬：这时天气炎热，水分蒸发量大，大量花果生长需要更多的水分，一般是每采1蓬果后灌1次水。

③8月下旬至11月：这时夏果已采完，这是秋果和秋枝的生长时期，可在9月上旬灌1次水，10月底至11月上旬施基肥后再灌1次冻水。枸杞生长过程中经常需水，但灌水不能太

深，更不能长期积水，过量的水应及时排出，否则会引起烂根和死亡。

4. 整形修剪

（1）幼树整形　枸杞栽后离地高 50 厘米定干，当年秋季在主干上部的四周选 3～5 个生长粗壮的枝条做主枝，并于 20 厘米左右短截，第 2 年春在此枝上发出新枝时将它们于 20～25 厘米短截作为骨干枝，第 3～4 年仿照第 2 年的办法继续利用骨干枝上的徒长枝扩大，加高和充实树冠骨架。经过几年整形培养，下层各级主枝和骨干枝均已基本建立，这时必须加快扩大树冠结果面积。因此，栽后 5～6 年在下层树冠骨架枝上，选一个接近树冠中心的直立枝，并于 30～40 厘米摘心，使其发新侧枝，可构成上层树冠骨架。经过 5～6 年整形培养，树冠基本形成即进入成年树阶段。

（2）成年树的修剪　可在春、夏、秋 3 季进行。在枸杞萌芽至新梢生长初期进行春季修剪，主要剪去枯死的枝条。5～6月进行夏季修剪，剪去徒长枝。但当树冠空缺或秃顶时，要保留徒长枝，并在适当高度摘心，促使它发侧枝，起到补空或补顶作用。在 8～9 月进行秋季修剪，若结果期长，修剪期可推迟。主要是剪去徒长枝及树冠周围的老、弱、横条及虫害枝。清除树冠膛内串条、老、弱枝，达到树冠枝条上下通顺，疏密分布均匀，通风透光。

（三）病虫害防治

1. 枸杞黑果病

症状：枸杞黑果病是河北、山东、陕西等地栽培枸杞的重要病害。主要为害果实，其次为害花、蕾、茎、叶，雨季流行。青果期感病，变黑僵化，在空气湿度大时，病部可见橘红色黏液（病原菌分生孢子），病菌借雨水传播，在残留的病果和枝叶上越冬。

防治方法：一是加强冬春水肥管理。秋冬季轻剪枝，促进春早熟多结果；夏季控制水肥，重剪枝，放弃伏果；秋季加强水肥管理，争取秋果。二是冬前彻底清园，将枯枝落叶和病果收集烧毁或深埋。三是发病初期用 1∶1∶120 ~ 160 波尔多液或 50% 多菌灵可湿性粉剂 1 000 倍液喷雾。四是人工免疫防治。在田间喷非致病的红麻炭疽菌或挂菌枝条，使其产生对黑果病的免疫力。

2. 枸杞实蝇

症状：幼虫为害果实。越冬代成虫于枸杞现蕾时大量羽化出土，4 ~ 9 天后产卵于幼果内种子表皮上，一般每果产 1 粒卵，幼虫取食果肉，老熟幼虫在夜间于近果柄处钻孔外出，弹跳入土，在土下 3 ~ 5 厘米处化蛹，1 年发生 3 代，以蛹在土内越冬。第 1 代、第 2 代亦有部分蛹在土内蛰伏，翌年羽化。

防治方法：越冬成虫羽化时，杞园地面撒 5% 西维因粉 45 千克/亩；摘除蛆果并深埋处理；秋冬季园内灌水或翻土，杀灭土内越冬蛹。

3. 枸杞负泥虫

症状：枸杞负泥虫是枸杞、颠茄、泡囊草等药用植物的重要害虫，在北方 1 年发生 5 代，以成虫和幼虫在根际土内作土茧越冬，以成虫越冬为主。4 ~ 10 月为害。成虫产卵于嫩叶上，卵块呈"人"字形排列。幼虫和成虫均为害叶片，造成千疮百孔，严重时仅留叶脉。

防治方法：春季灌溉松土，破坏其越冬场所，杀死部分越冬虫源；抓好越冬代防治，4 月中旬于杞园地面撒施 5% 西维因粉（1 千克对细土 5 ~ 7 千克）以杀死越冬代成虫；发生期及早喷 40% 乐果乳油 1 000 倍液防治。

4. 枸杞瘿螨

症状：为害枸杞叶、嫩茎、幼果和果柄，可产生紫红色痣状虫瘿，使组织畸形。枸杞展叶期，出蛰的虫螨大量从越冬场所迁至新叶上产卵，刚孵化后的幼螨即钻入叶组织内造成虫瘿。

防治方法：冬季清园，将枯枝落叶集中烧毁；春季展叶期和秋梢抽放期用 40% 乐果乳油或 20% 双甲脒乳油 1 000 倍液喷雾防治，可兼治蚜虫、蓟马、木虱等；秋冬季用 3 波美度石硫合剂喷雾杀死越冬螨。

5. 枸杞柱果蛾

症状：幼虫主要蛀食果实，使其易脱落，其次钻蛀嫩梢或生长点，使新梢枯萎或蛀食幼蕾和花器。在主产区宁夏 1 年发生 3～4 代，10 月中下旬，幼虫在树干皮缝外结茧越冬。

防治方法：冬季防治树干皮缝中越冬虫；4 月上中旬第 1 代幼虫为害时，喷 90% 敌百虫原药 800～1 000 倍液防治。

（四）采收与加工

果实从 6～11 月陆续成熟，及时采摘，晒干或烘干。日晒应注意，鲜果采下后不宜在中午强阳光下曝晒且不能用手翻动，烘干温度一般在 50℃ 左右。干果的标准是含水量 10%～12%，果皮不软不脆。地骨皮加工是将枸杞根挖起，洗净泥土，将根切成 7～10 厘米长，剥下根皮，晒干即可。每亩可收干果 100 千克左右。

五、苍耳子

苍耳子，苍耳为菊科苍耳属植物。以带总苞的果实入药。具有散风湿、通鼻窍、解疮毒功能。主治风寒头痛、鼻渊流涕、四肢挛痛、风疹瘙痒。分布全国各地。

（一）生物学特性

一年生草本，高 30～90 厘米，全体密生白色短毛，茎直立、粗糙，微有棱，绿色或微带紫色，上部散布紫色斑点。瘦果 2，纺锤形，包在多刺的总苞内，瘦果内有 1 颗种子。花期 7～10 月，果期 8～11 月。

喜温暖而湿润的气候，野生于荒坡草地、低山河谷及路旁处。对土壤要求不严，一般土壤均可种植。

（二）栽培技术

1. 选地整地

选择排水良好、肥沃的沙质壤土为好。施基肥后深翻 20～25 厘米，整细整平，做宽 1.2 米的畦。

2. 繁殖方法

（1）育苗移栽　苍耳果壳有钩刺而坚韧，不易脱出种子，一般均带壳播种。于 3 月中旬至 4 月中旬播种育苗。撒播，将种子均匀撒在畦面上，覆土，把种子盖严，镇压，浇水。苗高 3～5 厘米时，按株距 5 厘米间苗；苗高 10～15 厘米时可移栽，按株距 40 厘米×40 厘米移栽。

（2）直播　于 3～4 月份，按行距 40 厘米开沟，深约 5 厘米，将种子播入沟内，覆土浇水。出苗后，苗高 5 厘米左右间苗；苗高 10～15 厘米时，按株距 35 厘米左右定苗。播种量每亩 8 千克左右。

3. 田间管理

出苗后及时松土除草 1 次。撒播时拔草。直播的在苗高 15～20 厘米时，撒播的在移栽后进行第 2 次中耕除草，并亩追施畜粪水 2 000 千克或尿素 5 千克。苗高 35～50 厘米时，进行第 3 次松土除草和追肥，并且肥料要多些。

（三）病虫害防治

地老虎

症状：为害幼苗，常咬断根部并将幼苗从地面处咬断，使植株死亡。

防治方法：可在早晨捕杀，或用 50% 辛磷乳油拌成毒饵诱杀。

（四）采收与加工

苍耳以带总苞的果实入药。于 8～9 月间果实由青转黄、叶已大部分脱落时就可收获。把植株割下，打下果实，捡去粗梗残叶，将果实晒干即成。此外，可榨油，用于工业润滑油。

六、车前子

车前子，原植物是平车前，为车前科车前草属植物。具有清热利尿、渗湿通淋、明目、祛痰功能。主治小便不通、咳嗽多痰、热淋尿血、目赤肿痛、腹泻等。分布全国各地，多为野生，亦有少量栽培。

（一）生物学特性

多年生草本，连花茎高 15 ~ 50 厘米。根茎粗短，须根多数。种子细小，近椭圆形，黑褐色，花期 6 ~ 9 月，果期 7 ~ 10 月。

野生于山坡、路旁、地角、河边处。喜向阳、湿润的环境，耐寒、耐旱。对土壤要求不严，一般土壤均可种植。

（二）栽培技术

1. 选地整地

选湿润、比较肥沃的沙质壤土为好，施基肥后翻耕、耙细整平，做宽 1.2 米的畦。

2. 种子繁殖

北方 3 月底 4 月中旬或 10 月中下旬播种；南方于 3 ~ 4 月份或 9 ~ 10 月份播种。条播按行距 20 ~ 30 厘米开沟，深 1 ~ 1.5 厘米，将种子均匀播入沟内，覆土后稍加镇压，浇水，保持土壤湿润，播后 10 ~ 15 天出苗。南方常用穴播，穴间距 25 厘米，每穴播种 10 ~ 15 粒。亩用种量 0.3 ~ 0.5 千克。

3. 田间管理

（1）间苗　苗高 3 ~ 5 厘米时间苗，条播按株距 10 ~ 15 厘米留苗，穴播每穴留苗 4～5 株。

（2）中耕除草　车前种子细小，出苗后生长缓慢，易被杂草抑制，幼苗期及时除草，一般 1 年进行 3～4 次松土除草。

（3）追肥　车前喜肥，施肥后叶片多，穗多穗长，产量高。进行 3 次追肥：第 1 次 5 月份，每亩施清淡人畜粪水 1 500 千克；第 2 次于 7 月上旬，每亩施磷酸二铵 10 千克；第 3 次于采种以后，每亩施厩肥 1 500 千克，沟施。

（三）病虫害防治

白粉病症状：叶的表面或背面出现 1 层灰白色粉末，最后叶枯死。

白粉病防治方法：5 月下旬喷洒 1 次 25% 粉锈宁 1 000 倍液，10 天后再喷 1 次，或与 50% 甲基托布津 800 倍液交替施用 2～3 次。

（四）采收与加工

车前以种子入药。果实成熟时，割取果穗，晒干后搓出种子，簸净杂质。亩产干种子 40～50 千克。开 5 厘米深的沟，每隔 5 厘米放根茎 1 段，覆土后浇水。保持土壤湿润，以利根茎出苗。

第五章 叶类药材栽培

一、芦 荟

芦荟，为百合科芦荟属多年生肉质草本。以叶的汁液入药，具有健脾胃、通肠、清热、消炎、杀虫、抗肿瘤、润肤、治烫伤等功能。主治热结便秘、疳热虫结，惊风外用治疗癣疮、烫伤等症，主产于广东、广西壮族自治区、云南、福建等省，近年来北方在温室内也大量种植。

（一）生物学特性

芦荟叶肥厚多汁，簇生于短茎上，呈莲座状。叶长披针形，边缘齿状刺，有或无斑纹，总状花序腋生，花橙红色，花被筒状，上端6裂，雄蕊6，子房上位，3室，花柱线形。蒴果，种子不育。

芦荟12月至翌年3月开花。从地下茎形成植株或从老茎叶腋处产生侧芽繁殖。一般取下部老叶药用，幼叶基本无有效成分。芦荟喜温暖、怕寒冷，应选终年无霜地区种植。如有霜期，冬季栽培温度不低于5℃，当气温降到0℃时易遭寒害，在 -1℃时植株开始死亡。

（二）栽培技术

1. 选地整地

宜选阳光充足、排水良好、肥沃富含石灰质的壤土。种植畦以高畦为好，避免湿涝积水。定植前翻耕土地，每亩施腐熟有机肥1 500千克作基肥。畦宽0.8~1米，长视地形而定。

2. 繁殖方法

（1）有性繁殖　芦荟一般自花授粉不结实。药用芦荟中只有好望角芦荟分蘖差，靠种子繁殖。春季收种子晾干后秋季点播干苗床并盖膜保温保湿，播后1~2个月出苗，苗床见干见湿，薄施磷钾肥或奥普尔800倍液。苗长至10厘米以上或5片真叶以上时可移栽。

（2）无性繁殖　分株繁殖：多数种类的芦荟在其植株周围的地下茎能长出许多幼芽。利用这些幼芽进行分株繁殖，生长快。种植期除低温季节都可以进行。分株时，先切断与母株连接的地下茎，再连根挖出，即可栽植。

扦插繁殖：采用母株叶腋处长出的新芽，有些腋芽少的母株，可以把顶芽剪下扦插，这样做可以促使母株长出许多腋芽。扦插时切取长5~10厘米的新芽，切下的芽其切口处的水分（即汁液）很多，需晾干后才可扦插，一般放在阴凉处，夏季晾4~5小时，秋冬季1~2天待切口稍干，再扦插于搭有荫棚的苗床，苗床基质铺以细砂，或在细沙中掺入一般土壤，苗床应选在雨淋不到的地方。扦插后保持土壤湿润，约20~30天生根，在苗床培育2~3个月即可出圃定植。

组织培养育苗：取顶芽或侧芽经常规消毒后无菌接种于生芽培养基内，2月后可成丛生芽，转移至生根培养基后1个月可形成根。完整苗移栽于沙、蛭石等基质。注意控制含水量不得高于50%，半遮阴。

3. 田间管理

芦荟苗定植于大田后应注意以下几点。

（1）中耕除草　生长期间要勤松土和除草，雨季除草，要将除下的杂草清除出园外，堆沤作肥料。旱季除草，要将除下的杂草覆盖在根际，保护表土湿度稳定。松土除草要结合进行培土。

（2）灌溉与排水　夏季天热干燥时必须浇水，保持土壤湿润，但畦面不宜过于潮湿，多雨季节应注意排水，以免烂根。如地面有稻草等覆盖，湿度较稳定，可减少灌水次数。

（3）追肥　每年追肥 3～4 次，肥料以有机肥为主，如鸡粪、油菜籽饼、骨粉、堆肥等。秋冬季每亩施 2～3 千克，春季可施尿素 6 千克，夏季可施磷二铵或骨粉 50 千克开沟施入，施后盖土。

（三）病虫害防治

芦荟主要有 4 种真菌病害，它们是褐斑病、炭疽病、叶枯病和白绢病。其中前 3 种为害叶，后 1 种为害全株。各种病害均在高温多雨季节发生。预防可增施磷钾肥、喷洒波尔多液，治疗可用 50% 多菌灵可湿性粉剂 1 000 倍液、75% 百菌清可湿性粉剂 800 倍液、70% 甲基托布津可湿性粉剂 800 倍液喷洒。偶有红蜘蛛、棉铃虫、介壳虫为害，但一般发生量小，不用防治。个别大量发生时可对症下药。

（四）采收与加工

芦荟种植年限越长，其老叶成分含量越高。一般 2～3 年后收获。取生长饱满的叶，由下自上收获 2～3 片叶，收时连同叶鞘一起剥下。加工方法很多。将叶切口向下竖立于容器中，将流出液干燥即可。另有将叶切片水煮过滤后浓缩成膏的方法。

二、广藿香

广藿香，唇形科刺蕊草属多年生草本植物，以全草入药，常用中药。原产菲律宾、马来西亚及印度等国。我国广东、台湾引种栽培已有百余年。现海南、广西壮族自治区、云南、四川均有栽培。藿香具有芳香化浊，和胃止呕，驱散解暑，行气化滞的功能。

（一）生物学特性

广藿香，多年生常绿草本。株高
30～130 厘米。茎直立，呈方形，粗
壮，近褐色，密被灰黄色绒毛状柔
毛，基部主茎被栓皮，上部多分枝，
小枝略倾斜。叶对生，有柄，揉之有
特异而清淡的香气，叶片卵形或长椭
圆形，有时 2～3 浅裂，叶端短尖或
钝圆，叶缘具不整齐的粗钝齿，基部
阔而钝或楔形稍不对称，6～10 厘

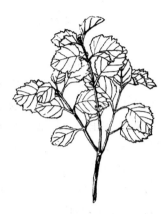

米，宽 4～8 厘米，两面均有茸毛，背面较密，叶背脉突出，有
的呈紫红色，于腹面稍凹下而具细的脊线，没有叶脉相通的叶肉
部分于腹面隆起，所以叶面呈凹凸不平，叶柄长 2～4 厘米，表
面亦有柔毛。穗状花序，顶生或腋生，稠密具短花梗。花序长
2～8 厘米，直径 1～2 厘米，萼 5 裂，长 0.5 厘米，长于苞片，
裂片短尖，花冠唇形，淡红紫色，长约 0.6 厘米，裂片钝。我国
栽培的广藿香极少汗花。

广藿香原产热带，喜温暖湿润气候，栽培地年平均气温为
24～26℃。不耐寒，霜冻则枯死。南亚热带终年无霜或少霜地区
可以栽培，但冬季应搭棚防霜寒。对水分需求亦很敏感，干旱时
产量明显厂降。广东多栽培在灌溉方便的水稻田里。

广藿香多选择土层深厚肥沃、疏松，排灌水方便的壤土、稻
田、菜地。干旱瘠薄或土质黏软、排水不良的地不宜栽培。

广藿香枝茎质脆，易被大风吹断，应选择背风环境栽培。病
虫害也较多，不宜连作。

（二）栽培技术

1. 深翻整地

广东习惯选择稻田栽培广藿香。秋收后，探翻土壤，休闲过
冬，让土壤充分风化。翌年惊蛰前后，选择晴天再行深翻细耙整

平作畦。去除杂草和稻根烧肥，畦以南北走向为好。

2. 插条繁殖

（1）插条繁殖

①选择插穗：选择植株高大粗壮，叶枝生长繁茂，无病虫害的墩枝条剪作插稿。好的插穗枝茎蔸部呈白色，截剪时会有清脆响声稠流出白色汁液。每个枝条只裁剪项梢约长为 10～15 厘米（3～5 节）为插稳，保留上部 3～6 叶，枝条下部叶片剪去。

②扦插栽苗：广东在清明前后选择阴暖天气，边采穗条边插栽。单栽广藿香以株距 20～30 厘米，行距 60 厘米，每畦栽 2 行。与蔬菜间种的，按株距 25 厘米，每畦栽 1 行广藿香，两旁种黄瓜，四季豆类或生姜。挖穴栽插，穴径 15 厘米，深 10 厘米，插穗垂直栽于穴中，栽植深度为 5～7 厘米，覆土压实；再用稻草覆盖暖面，以仅露出插稳苗尖顶芽为度。保持土地湿润，抑制杂草生长，保证成活率，稻草腐烂后可增加肥分，不必揭草。

（2）扦插育苗繁殖

①海南和云南产区多以先选择有树荫的地方扦插育苗 20 多天，待插穗生根成活后，再移植大田栽培。

②海南每年可扦插两次，分为大春和小春。大春是于 10～12 月剪采小春的穗条育苗栽植，于翌年 7～8 月时收获。小春是在 7～8 月剪采大春的稿条育苗栽植，于翌年 3～4 月收获。海南多以斜插法，插穗露出畦面的部分朝向随扦插季节而异。7～8 月插穗宜朝北，因 9～10 月吹北风；10～12 月插穗应朝南，因翌年 2～3 月吹南风。这样可减轻风折危害。

③云南产区则多在 10～11 月扦插育苗，雨季移植大田。

3. 田间管理

（1）浇水排涝　广藿香扦插栽植后，要注意勤浇水。否则容易因缺水干旱死亡。因此，沟内要经常贮水以便浇水。一般扦插后 20～30 天以内，除雨天外，每天应浇水 4～5 次，分别在清晨、10 时、15 时、18 时浇水。以按各地和天气情况具体确定浇水次数，以保证土壤充分湿润，利于插穗生根发苗为难。当插穗生根发苗成活后，改为早、晚备浇水 1 次。当雨水太多，畦沟积水太满，造成畦面过于潮湿也会使广茴香感染根腐病，应注意排涝。浇水应注意水要清洁，用喷洒均匀浇灌。尤其不能用泥浆水浇很容易引起烂根。

（2）注意除草追肥　栽培广藿香的土壤肥沃湿润，气候温暖，杂草萌生较多较快，应结合浇水、施肥时拔除杂草，做到除早、除小、除净。栽植后 1~4 月内为主要施肥期。追肥以氮肥为主，常用人类尿、尿素、硫铵、垃圾土、猪粪尿等。追肥 4~5 次，第 1 次在插后 35~40 天，第 2 次在插后 60 天，以后每月施肥 1 次。第 3~4 次追肥要足够，这时广藿香正处生长旺盛期，需肥量多，施足肥也可提高产量和提供粗壮插穗条。追肥每亩每次用人畜粪肥约 250~400 千克或尿素 2~2.5 千克或硫酸铵 3.5~4 千克。

（3）搭棚防寒　广藿香怕霜冻。11 月左右冬季有霜的地方，应搭棚预防，棚高一般为 1 米左右，视植株高度而定，上盖稻草，翌年清明前后，回暖分次揭草拆棚。

（三）病虫害及其防治

根腐病，为害广藿香根削，引起根部发黑腐烂，植株逐渐死亡。防治措施：注意田间管理，锄草松土，少伤及根系；高混同湿雨季，及时疏通排水，控除病株，用 10% 多菌灵 1 000 倍液浇灌。

地老虎，幼虫在清明前为害幼苗，造成缺苗。蚜虫、粉介壳虫为害器香叶片及嫩茎。按常规防治方法及时防治。

（四）收获加工

采收：广藿香的采收期与各地的气候差异而不一样。海南广藿香生长期为 5~7 个月，每年可收获 2 次。分别在 7 月和 11 月收采。广州郊区的石牌藿香生长期约 14 个月，一般 4 月栽，翌年 6 月采收。肇庆地区的高要藿香生长期需 10 个月，一般 2 月种，当年 12 月采收。云南则在翌年 10 月收获。此外可在栽后 5 月，自植株茎基开始逐渐采摘老叶晒干入药，可加速植株生长。减少病虫害，增加收益。

广藿香采收应选择晴天，先把垄沟灌满清水，然后用锄挖或手拔。洗净泥土，运回晒干或阴干，砍去根部，捆扎打包出售。

加工；广东一般是把采运回的广藿香前 3 天是白天暴晒，晚上分层摆放交错堆炳，使茎、枝、叶发汗。然后扎成小把继续暴晒至足干为止。准叠发汗时，注意不要头、尾混堆，应按头、尾错开、顺序堆叠。经此加工处理的枝叶色泽良好，香气浓厚，品质优良，商品上按产地分为：石牌藿香、高要藿香和海南藿香。以石牌藿香品质最优，海南藿香最差。

三、迷迭香

迷迭香叶带有茶香，迷迭香别名海洋之露。唇形科多年生常绿小灌木，株直立，叶灰绿、狭细尖状，叶片发散松树香味，自古即被视为可增强记忆的药草。迷迭香原产于地中海沿岸，夏天会开出蓝色的小花，看起来好像小水滴般，味辛辣、微苦，常被使用在烹饪上，也可用来泡花草茶喝。目前公认的具备有抗氧化作用的植物迷迭香中的抗氧化成分主要为鼠尾草酸、鼠尾草酚、迷迭香酚、熊果酸、迷迭香酸等成分。迷迭香也常常被摆放在室内来净化空气。

（一）生物学特性

高达 2 米。茎及老枝圆柱形，皮层暗灰色，不规则的纵裂，块状剥落，幼枝四棱形，密被白色星状细绒毛。叶常在枝上对生，具极短的柄或无柄，叶片线形，长 1~2.5 厘米，宽 1~2 毫米，先端钝，基部渐狭，全缘，向背面卷曲，革质，上面稍具光泽，近无毛，下面密被白色的星状绒毛。一般在 12 月至翌年 4 月开花，由叶腋着生白色小花为总状花序，花长 1.2 厘米。花色有蓝色、粉红色、白色等，花近无梗，对生，少数聚集在短枝的顶端组成总状花序。果实为很小的球形坚果，卵圆或倒卵形，种子细小，黄褐色，用种子繁殖。迷迭香的品种有很多，大略分为直立种及匍匐种，经济栽培大多以直立种为主。整棵植株均可利用，香味强烈，略带一些苦味及甜味，可提取迷迭芳香油，用于护肤、制香皂。

（二）栽培方法

迷迭香性喜温暖气候，但高温期生长缓慢，冬季没有寒流的气温较适合它的生长，水分供应方面由于迷迭香叶片本身就属于革质，较耐旱，因此栽种的土壤以富含沙质使能排水良好较有利于生长发育，值得注意的是迷迭香生长缓慢，这也意味着它的再生能力不强，修剪采收时就必须要特别小心，尤其老枝木质化的速度很快，太过分的强剪常常导致植株无法再发芽，比较安全的做法是每次修剪时不要剪超过枝条长度的一半。

1. 育苗

迷迭香以种子繁殖时发芽缓慢且发芽率低，据文献记载，若发芽温度介于 20~24℃ 时，发芽率低于 30%，而且发芽时间长达 3~4 周，但如果先于 20~24℃ 发芽，1 周后再以 4.4℃ 温度处理 4 周后，发芽率可提高至 70%。因此除非向国外引入新品种，否则以扦插繁殖是既快又保险的做法，只要购买几盆回来当母本，以 50 格穴盘内装新的培养土，取顶芽扦插即可，若要加速发根可在扦插前将基部沾些发根粉，插前先以竹筷插 1 小洞再扦插以免发根粉被培养土擦掉，放在阴凉的地方大约 1 个月后即可移植。

匍匐种可利用横躺的枝条于接触泥土处先刻伤再浅埋，约 1 个月后切离母株，就是另外一棵迷迭香，但操作手续较麻烦。

2. 整地

耕地深度一般为 20~30 厘米，耕地时剔除杂草，有条件的用化学除草剂先除尽地里的杂草。

3. 平整畦厢

种植迷迭香的地，要求平整，方便排水，沟道深为 20~30 厘米，宽 20 厘米以上。畦的宽度为 1.2~1.5 米，太宽浇水不便，太窄又降低了土地利用率。

4. 移栽

迷迭香的大田移栽苗是迁插枝生根成活的母苗。移栽株行距为 40 厘米×40 厘米，每亩种植数量为 4 000~4 300 株。平整好的土地按株行距先打塘，施少量底肥，然后在底肥上覆盖薄土，就可以移栽了。移栽后要浇足定根水，浇水时不可使苗倾倒，如有倒伏要及时扶正稳固。栽植迷迭香最好选择阴天、雨天和早、晚阳光不强的时候。栽种季节在云南省中部、南部一年四季均可，春秋季最佳。栽后 5 天（视土壤干湿情况）浇第 2 次水。待苗成活后，可减少浇水。发现死苗要及时补栽，栽植时要以畦距之间畦中为点成直线，以利通风。移栽后要浇足定根水，浇水时不可使苗倾倒，如有倒伏要及时扶正固稳。栽植迷迭香最好选择阴天、雨天和早、晚阳光不强的时候，以提高其成活率。1 年 4 季均可栽种，春秋季最佳。栽后 5 天（视土壤干湿情况）浇第 2 次水。待苗成活后，可减少浇水。发现死苗要及时补栽，栽植时要以畦距之间塘中为点成直线，以利通风。

5. 施肥

迷迭香较耐瘠薄，幼苗期根据土壤条件不同在中耕除草后施少量复合肥，施肥后要将肥料用土壤覆盖，每次收割后追施 1 次速效肥，以氮、磷肥为主，一般每亩施尿素 15 千克，普通过磷酸钙 25 千克或迷迭香专用肥 25 千克。

6. 修剪

观察迷迭香植株，虽然每个叶腋都有小芽出现，将来随着枝条的伸长，这些腋芽也会发育成枝条，长大以后整个植株因枝条横生，不但显得杂乱，而且通风不良也容易成为害虫的栖地并且容易得病，因此，定期的整枝修剪是很重要的。迷迭香种植成活后 3 个月就可修枝。应注意的是迷迭香生长缓慢，这也意味着它的再生能力不强，修剪采收时就必须要特别小心。尤其老枝木质化的速度很快，过分的强剪常常导致植株无法再发芽，比较安全的做法是每次修剪时不要超过枝条长度的 1/2。直立的品种容易长得很高，为方便管理及增加收获量，在种植后开始生长时要剪去顶端，侧芽萌发后再剪 2~3 次，这样植株才会低矮整齐。迷迭香的大田移栽苗是扦插枝生根成活的母苗。移栽株行距为 40 厘米×40 厘米，每亩种植数量为 4 000~4 300 株。平整好的土地按株行距先打畦，施少量底肥，然后在底肥上覆盖薄土，就可以移栽了。

第六章　全草类药材栽培

一、缬草

缬草，为败酱科缬草属多年生草本植物，原产于亚洲部分地区和欧洲，现在已被栽培到北美洲。根含挥发油0.5%~0.2%，主要成分为异成酸龙脑酯，又含缬草碱等多种生物碱。用根茎及根入药和蒸油。主要用于增添烟和化妆品的香味、啤酒和其他酒类香味，适用于芳香剂和除臭剂。可以食用、美容、制药等。药用功效：抗痉挛、抗抑郁、抗惊厥、去痰利尿、镇静、安神、安眠、活血化瘀、湿经散寒、理气、止痛、降压、抗菌作用。用途广，市场需求量多，在国际市场上十分畅销。

1. 植株　2. 花序　3. 花
4. 瘦果　5. 下位子房

（一）生物学特性

缬草高100~150厘米。茎直立，有纵条纹，具纺锤状根茎或多数细长须根。基生叶丛生，长卵形，为单数羽状复叶或不规则深裂，小叶片9~15个，顶端裂片较大，全缘或具少数锯齿，叶柄长，基部呈鞘状；茎生叶对生，无柄抱茎，单数羽状全裂，裂片每边4~10个，披针形，全缘或具不规则粗齿；向上叶渐小。伞房花序顶生，排列整齐；花小，白色或紫红色；小苞片卵状披针形，具纤毛；花萼退化；花冠管状，长约 5 毫米，5 裂，裂片长圆形；雄蕊 3 片，较花冠管稍长；子房下位，长圆形。蒴果光滑，具 1 颗种子。花期 6~7 月，果期 7~8 月。缬草喜冷凉而湿润的气候，耐寒，当冬季气温低达 -20℃，地下部也不会冻死，适宜在海拔 800 米以上高山、雾大、湿度大、气温在25~32℃的地方生长，适于酸性肥沃土壤，黑沙黄泥土壤最好。主要品种有缬草、黑水缬草和宽叶缬草。

缬草：根茎呈类圆柱状，粗短，长 0.5~2 厘米，直径 0.4~1.5 厘米，表面黄棕色至褐色，粗糙，有叶柄残基，上端有残留茎基，中空，有的根茎有横生分枝，远端节部有茎基残留，节间长 1~2 厘米，根茎周围和下端丛生多数细根，末端纤细，表面黄棕色至褐色，具纵皱纹。质稍韧，断面周围黄褐色或褐色，中心黄白色。有特异臭气，干品更浓。味微辣，后微苦，且有清凉感。以根头粗壮，根长，表面黄棕色，气味浓烈者为佳。

黑水缬草：根茎叶头状，长 0.3~1.4 厘米，直径 0.3~1 厘米，表面棕黄色，顶端残留有棕黄色地上茎和叶柄残基，四周密生多数小细根。质坚实，不易折断，断面中间有空隙。具特殊臭气，味微苦。

宽叶缬草：药材性状与缬草基本相似。

（二）栽培技术

1. 选地

（1）土壤选择　选择坡度小，土质深厚，土壤含腐殖质丰富，酸性肥沃的土壤，土壤进行轮换，连续种 2 年隔 1 年交替种植。

（2）海拔选择　海拔要求在 800 米以上的高坡种植，最佳海拔在 1 000~1 200 米，海拔越高，气温越低，昼夜温度较大，有利于地下根茎和根部积累的物质增多，含油量升高。

2. 整地

不管新土还是熟土都要先打除草剂 7 ~ 10 天深挖松土，耙平整细，捡拣杂草，尤其是白茅草根和蒿菜根一定要捡除，开好排水沟。

3. 采种

于 6 ~ 7 月，待种子大多数呈黄褐色时，及时采收，将整个花序剪下，让其后熟几日，然后抖下种子，晒干备用，缬草种子细小，极易随风飘落，采种要掌握好最佳时期或用透明牛皮纸袋套袋，以免种子散落。

4. 播种

选择湿润，背风向阳，排灌方便，土层深厚肥沃的平地或缓坡地，每亩均匀撒施腐熟农家肥 2 500 千克，复混肥 50 千克，硫酸钾 15 千克。然后深耕耙细，做成宽 1.5 米，高 20 厘米的垄，要求垄面平整，开好排水沟。一般采用秋播，于 9 ~ 10 月上中旬在整理好的厢面上按行距 40 厘米，株（窝）距 20 厘米进行种子直播，播深约 1 厘米，若遇干旱，播后要及时浇水，约 10 天即可出苗。若属 1 400 米以上的高寒地区，则可在 3 月中下旬进行春耕播。缬草第 1 年生长仅生根出叶，第 2 年抽茎开花。每亩播种量为 0.5 ~ 1 千克。

5. 分株

春秋均可进行，种植最佳时间在上年 12 月至翌年 1 月（立春至雨水），多在秋季结合采收挖出母株，掰取分生萌蘖，按行距 30 ~ 50 厘米，株距 30 厘米挖窝，每窝栽苗 2 ~ 3 株，亩栽5 000 株左右，栽后浇水，其他作垄方法同上。

6. 田间管理

（1）补苗　分株种植，待芽长出 2 ~ 3 叶时及时补种，苗种移栽，栽后 5 天及时补苗，保证每亩基本苗数，才能保证产量的增产。

（2）中耕除草　缬草幼苗期应勤除草和松土，随着苗逐渐长大，根多分布于表土层，中耕宜浅，不宜深，以免伤根，当根露出土面时，及时培土，地上部土封垄后，根群密布于行间，此时不宜再中耕。

（3）追肥　在施足基肥的基础上，结合中耕除草后进行 2 次追肥，第 1 次苗返青后每亩施入人畜粪水 1 000 千克、过磷酸钙 25 千克、氯化钾 5 千克后覆土，第 2 次看长势补施。

（4）打苔　除留种田外，其余植株所抽花苔应全部割除，以免消耗养分，促进根部生长。

（三）病虫害防治

1. 花叶病

为病毒性病害，一般在 4～5 月发生，被害叶片色泽浓、淡不匀，叶面皱缩、畸形或植株矮小。防治方法：①选用无花叶病的腐殖材料作种；②发现病株及时拔出烧毁；③及时彻底地防治蚜虫、螨类害虫，减少或消灭传染媒介。

2. 根腐病

一般在 4 月发生，引起根部腐烂，成片死亡。防治方法：①选择有坡度或者排水好的土地种植，雨季及时开沟排水；②少施或者不施尿素，多施用钾肥，施用尿素，苗出现猛长或徒长，造成根部通风透光性差，易发生根腐病；③发病初期可用 1% 的硫酸亚铁对病穴进行消毒或用 5% 的退菌特 1 000 倍液、50% 多菌灵 800～1 000 倍液浇灌。

3. 蚜虫

一般在 3～5 月发生，为害嫩梢和叶片。防治方法：用万山红 2 500～3 000 倍液进行喷杀。

4. 红蚂蚁

咬食根部。防治方法：田间发生期用 90% 晶体敌百虫 1 000 倍液浇灌根。

5. 大灰象甲

以成虫和幼虫为害，在 5～6 月发生，防治方法：在清晨和傍晚进行人工捕杀，该虫常躲在被害植株的根际土壤内，翻开土块，即可捕杀大量成虫；每亩用5~8千克鲜萝卜条或其他鲜菜加90%敌百虫100g用少量水拌成毒饵，于傍晚撒在地面诱杀。

（四）采收加工

药材缬草9~10月采挖，挖起全根，去掉泥土及残留茎叶后洗净，晒干或烘干即成。根茎呈钝圆锥形，黄棕色或暗棕色，长2~5厘米，粗1~3厘米，上端留有茎基或叶痕，四周密生无数细长不定根。根长达20厘米，粗约2毫米，外表黄棕色至灰棕色，有纵皱纹，并生有极细支根。易折断，断面黄白色，角质。有特异臭气，味先甜后稍苦辣。以须根粗长、整齐、外面黄棕色、断面黄白色、气味浓烈者为佳。

1. 采收

缬草叶片全部变黄色，在农历7月中旬（处暑前后）采收为最佳时间。用锄头挖起全根，要注意尽量减少根的折断，去掉泥土和残留茎叶，采收时如是下雨天一定不能挖，等到土干后再挖，晴天、土干挖最好，挖出的根不能用水洗，湿根或洗的根油量和油质会降低。不能在太阳下暴晒或烘干，否则，缬草的根茎和根部所含油易挥发。因此，将挖出的根茎和根放在阴处摊开，待加工蒸油。

2. 蒸油

（1）蒸油地方选择　选择在沟边有流动水源、地势平坦，但水源一定要高于蒸油地方建棚。

（2）装备蒸油工具　打1个土灶，安1个大锅子，锅子上放蒸油蒸笼，蒸笼用杉木板打成桶形，主要是装蒸油原料桶简称蒸油蒸笼。蒸笼底下装一个滤器，防止原料漏下锅子，蒸笼的高上有1个盖子，盖子上留3厘米的高度装水作密封，笼盖下10厘米穿1个孔，用竹子管接通不锈钢降温弯管大口，弯管安装在水槽底下，水槽保证不漏水，如果漏水用塑料薄膜垫，又从弯管小口用胶管接到过滤分离器，分离器用竹筒中间穿两个小孔，小孔分上下孔相差 5 厘米，用胶管接上孔，人用的输液胶管接下孔、把流出的水引进锅子，上孔流油，下孔流水，筒底沉杂质。

（3）蒸油方法 蒸油原理是采用"气化离心冷却原理"，即简易流程：缬草原料（经加热产生汽化）→油、水、杂质混合气→水槽弯管（冷却）→油、水、杂质混合液→过滤分离器→缬草原油、水、杂质。将干净缬草根装进蒸笼内，顶部留 15 厘米高的空隙，盖上盖子，每次用黄泥巴封好，盖子上装水，防止漏水和盖子变形。锅子沿边，第一次蒸油用黄泥巴封闭好，第二次以后用烤完油的根捏烂封闭好。用布封好所有管道接口处，用湿布包住竹管子，经常检查，保证任何地方都不能漏气。接冷水放进水槽的弯管大口处，水由弯管小口处流出，一切工作准备完毕。进行烧火，把锅子水烧开，蒸熟原料，使原料的油气化出来产生汽化油，经过弯管冷却后变成液体油—缬草油。

二、虎耳草

虎耳草，又名金丝荷叶、金丝吊芙蓉、澄耳草，为虎耳草科虎耳草属多年生、稀一年生或二年生草本植物。是一种蔓生植物，有匍匐状的纤细枝，可广泛栽种作为观赏植物。含生物碱、硝酸钾、氯化钾、熊果酚苷。全草入药；微苦、辛、寒。原产于中国、朝鲜和日本，分布于中国华东、华南、西南至山西、河南，朝鲜也有分布。

全世界有虎耳草属植物 400 余种，分布于北极、北温带和南美洲（安第斯山）；中国约有 203 种，南北均产，主产于西南和青海、甘肃等省的高山地区；云南有约 100 种，多分布在海拔 3 000 米以上的高山岩石上

及石缝间。

（一）生物学特性

多年生常绿草本植物。高 40 厘米，全株被毛。根纤细；匍匐茎细长，紫红色，有时生出叶与不定根。叶基生，通常数片；叶柄长 3 ~ 10 厘米；叶片肉质，圆形或肾形，直径 4 ~ 6 厘米，有时较大，基部心形或平截，边缘有浅裂片和不规则细锯齿，上面绿色，常有白色斑纹，下面紫红色，两面被柔毛。花茎高达 25 厘米，直立或稍倾斜，有分枝；圆锥状花序，轴与分枝、花梗被腺毛及绒毛；苞片披针形，被柔毛；萼片卵形，先端尖，向外伸展；花多数，花瓣 5，白色或粉红色下方 2 瓣特长，椭圆状披针形，长 1 ~ 1.5 厘米，宽 2 ~ 3 毫米，上方 3 瓣较小，卵形，基部有黄色斑点；雄蕊 10，花丝棒状，比萼片长约 1 倍，花药紫红色；子房球形，花柱纤细，柱头细小。蒴果卵圆形，先端 2 深裂，呈喙状。花期 5 ~ 8 月，果期 7 ~ 11 月。株高 15 ~ 40 厘米，叶片数枚，多基生。全株具有明显的长绒毛。匍匐茎红紫色，叶片宽阔肥厚，肾形或心形，直径可达 10 厘米，叶缘有不明显的浅裂，叶表绿色并沿叶脉有白色斑纹，叶背及叶柄紫红色，叶片两面均被有白色茸毛。叶柄较长，约 10 厘米。自叶丛中生出细长悬垂的匍匐茎，紫红色，匍匐茎的顶端长出幼株。花小，白色，圆锥花序，萼片 5 枚，上方的 3 片小，下方 2 片较大花瓣上面有红色及黄色斑点，花期 4 ~ 5 月，蒴果。

虎耳草在适宜环境下一年四季常青，是一种颇受欢迎且易种养的盆栽观叶植物，多用于室内绿化装饰。

虎耳草常被用来栽培观赏，栽培品种中有三色虎耳草，叶片有白色或乳白色宽边并嵌镶着红色、黄色和白色斑块，稀有珍贵，十分美丽，极适合于小盆栽植。此外，尚有红毛虎耳草也常用作观赏，其他一些种类在各国植物园和公园中常作为岩石园植物收集栽培。

（二）栽培技术

栽培时不可过分干燥和暴晒；又不耐长时间低温。盆栽可用腐殖土、泥炭土或细沙土，要求疏松和排水良好；每年春季或开花后换盆更新。生长季节每2周左右施1次液体肥。虎耳草常用分株法进行繁殖。春末至秋初将匍匐枝上的幼小植株剪下，集中栽在1个较大的花盆中，加盖玻璃或塑料薄膜以保持较高的湿度，待根系长好后再分栽到小花盆中。也可剪下小株直接栽种于小盆中，置于阴湿处，约2周时间即可恢复生长。

虎耳草植株小巧，叶形奇特，喜阴湿，故多用作吸水石盆景和岩石园栽植材料；也可在池塘、小溪旁阴处栽培；还可以盆栽，放于阳台或悬挂廊下让其匍匐下垂供室内欣赏。

1. 气候土壤

虎耳草喜生于山区阴湿的环境，性喜荫蔽凉爽及湿润的环境，忌强光直射，耐阴湿，忌干旱，以密茂多湿的林下和阴凉潮湿的坎壁上较好。对土壤要求不严，但以疏松肥沃通气、湿润、排水良好的土壤为宜。

2. 种植

虎耳草有播种法、分株法、压条法繁殖，其中常用后两者进行繁殖。分株和压条法，分株即分栽匍匐茎上的小植株；压条即将带有小植株的匍匐茎的一部分埋入土中，使小植株尽快生根。分株方法：四季都可进行，以春、秋两季为最佳时节，选择须根发达、生长健壮的植株，高可达40厘米，由匍匐枝长出的幼苗，拔起作为种苗。若是在林下栽培，要清除地面杂草和过密的灌木，按行、株距各约17厘米开穴，浅栽地表，把须根压在土里。若是在阴湿的石坎或石壁上栽培，可把苗栽在石缝里，用湿润的腐殖质土把须根压紧，浇水。生产上还可取匍匐枝顶端的幼株另行栽植来繁殖。

3. 田间管理

经常除草，拔除过大的苔藓植物。

（三）病虫害防治

病虫害有灰霉病、叶斑病、白粉病和锈病，可用65%的代森锌500倍液防治灰霉病和叶斑病，用15%的粉锈宁800倍液防治白粉病。虫害主要由粉蚧和粉虱造成。

三、益母草

益母草，为唇形科益母草属植物，以全草入药。具有活血通经、祛瘀生新、利尿消肿功能。主治月经不调、带下闭经、产后淤血。全国各地均有分布。

（一）生物学特性

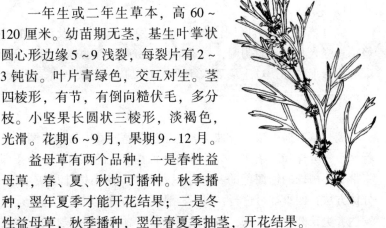

一年生或二年生草本，高60～120厘米。幼苗期无茎，基生叶掌状圆心形边缘5～9浅裂，每裂片有2～3钝齿。叶片青绿色，交互对生。茎四棱形，有节，有倒向糙伏毛，多分枝。小坚果长圆状三棱形，淡褐色，光滑。花期6～9月，果期9～12月。

益母草有两个品种：一是春性益母草，春、夏、秋均可播种。秋季播种，翌年夏季才能开花结果；二是冬性益母草，秋季播种，翌年春夏季抽茎，开花结果。

（二）栽培技术

1. 选地整地

选向阳、土层深厚、富含腐殖质的壤土及排水良好的沙质壤土为好，每亩施厩肥或堆肥2 000～2 500千克，深耕20～25厘米，整细整平，做宽1.2米的畦。

2. 繁殖方法

①采种：选健壮、无病虫害的植物留种。种子成熟采收后，

经日晒，打下种子，簸去杂质，贮藏备用。

②播种：冬性益母草，于秋季 10 月份播种；春性益母草，秋播同冬性益母草，春播于 3 月底 4 月初，夏播于 6 月下旬至 7 月份进行。一般采用直播，在畦上按行距 30 厘米，开深 0.5～1 厘米浅沟，将种子均匀撒入沟内，覆盖薄土后稍加镇压，浇水，经常保持土壤湿润，10～15 天出苗。播种量 1.5 千克。

3. 田间管理

（1）间苗　苗高 3～5 厘米时，拔除弱苗、密苗；苗高 10 厘米左右，按株距 15～20 厘米定苗。

（2）中耕除草　出苗后结合间苗、定苗中耕除草，中耕宜浅，进行 3～4 次。

（3）追肥　定苗后追施 1 次稀薄人畜粪水，每亩 1 000 千克，施后浇清水 1 次；苗高 30 厘米左右，每亩追施硫酸铵 15 千克。

（三）病虫害防治

1. 菌核病

症状：为益母草最严重病害，整个生长期都可发生，以春末秋初或秋末冬初阴雨连绵季节发病为重。感病植株自茎基部产生白色绢丝状菌丝，皮层腐烂。幼苗患此病，即自患部腐烂死亡；抽茎期患此病，患部表皮腐烂脱落，内部呈纤维状，渐至病株死亡。死亡植株茎及根内部中空，并生有黑色状如鼠粪的菌核。

防治方法：实行轮作，最好与禾本科作物水旱轮作；发现病株及时拔除销毁，并用生石灰粉封穴消毒；发病初期用 65% 代森锌可湿性粉剂 600 倍液或 1∶1∶300 波尔多液防治。

2. 白粉病

症状：多在春末夏初发生，为害叶及茎部。患病部位生白色粉状物。

防治方法：发病初期用庆丰霉素 80 单位，或 50% 甲基托布津可湿性粉剂 800～1 500 倍液或波美 0.3 度石硫合剂防治。

（四）采收与加工

在植株开花 2/3 时收获，齐地割下地上部分，立即摊放晒干，全干后打成捆。益母草种子称茺蔚子，亦作药用，在田间初步脱粒后，运回放置 4~5 天，翻打脱粒，除净叶片杂质，晒干。每亩产干草 300 千克左右。亩产干茺蔚子 50 千克。

四、穿心莲

穿心莲又名一见喜、榄核莲。为爵床科穿心莲属一年生草本植物，以全草入药。常用中草药。野生、栽培均有。现主要为人工栽培。主产福建、广东、广西。现云南、四川、江西、浙江、江苏、上海、北京均有引种栽培。穿心莲具有清热解毒，抗菌消炎，消肿止痛的功能。主治咽喉肿痛、湿热下痢、毒蛇咬伤、疮痈疔毒。

（一）生物学特性

株高 40~80 厘米。茎四棱形，多分枝，节膨大，茎、叶味苦。叶对生，纸质，叶片长圆状卵形至披什形，形似辣椒叶，长 2~8 厘米，宽 1~3 厘米，先端渐尖，基部楔形，全线或浅波状。花顶生或腋生，排成疏散的圆锥花序：苞片小，花蓓 50 深裂，绿色密被腺毛，花冠白色，近二唇形，常有淡紫色条纹；雄蕊 2，花丝有纵毛，子房上位，2 室。荫果似橄榄核而稍扁，长约 1.5 厘米，宽约 0.5 厘米，被毛，中央有 1 条纵果沟，熟时 2 瓣开裂，种子多数，棕黄色。花果期 8~10 月。

穿心莲种子千粒重仅 1.16~1.18 克，1 千克约有 60 万粒种子。种子外面包有 1 蜡质层。圆锥花序顶生或腕生，花期长，有的花盛开时，有的刚现蕾，有的种子已成熟了。种子成熟期极不一致。因此，采收时，种皮角质化程度也不一样，出苗也很不一致整齐。播种后，有的需 2~3 个月才出苗甚至不出苗。经种子处理后，发芽率可达 80% 左右。穿心莲的 1 个花序，从开花到果实成熟常需 40~45 天。

（二）栽培技术

穿心莲繁殖用种子，但栽培方法有直播和育苗移栽两种，福建和两广地区多以直播栽培，其他气温较低地区采用育苗移栽。

1. 种子处理

穿小差种子有蜡质层影响吸水发芽，播种前应无做处理才能保证其发芽率。

（1）热水烫种　把种子浸泡在 45~55℃ 热水中 24 小时，然后取出摊开用纱布覆盖保湿，每天用清水冲洗 1~2 次，室温 23~30℃，约 4 天就有少量种子萌发时，就可播种。

（2）沙磨去蜡　用 2 份细沙（通过 0.5 毫米筛），1 份种子进行牵擦至种皮失去光泽。在扩大镜下观察，见种子外面蜡质受破坏，种皮上的小榴皱磨去棱角即可播种。在 30℃ 湿润的苗床上，3 天可有部分种子发芽，10 天发芽率可达 70% 左右。

2. 播种育苗

选择向阳，排灌水方便的地方深翻，施足基肥，耙细整平作畦，并铺上 1~2 厘米厚的细沙土刮平。在谷雨前后把处理好的种子均匀撒播在畦面的沙土上，薄盖一层草木灰，火烧土灰或油沙土，然后再均匀撒盖一层薄锯木屑（以不露土为准），保持土壤湿润，防止干旱板结。硅面覆盖塑料薄膜，以保湿保温，锯屑湿润即可。一般亩用种量 0.75~1 千克，可移栽 10~15 亩。

3. 苗期管理

主要是注意保温、保湿、通风、除草、施肥等。白天晴暖应打开薄膜透气通风，日晒提高地温，夜间盖膜甚至加盖草帘保温、保湿，保证畦内温度 20℃ 左右，白天 30℃ 左右。中午气温高达 35℃ 以上时，应适当遮阴。幼苗有 3 对真叶时就可不必中午遮阴。经常拔草，并施清淡人畜粪尿或尿素 2 ~ 3 次。

苗高 5 ~ 10 厘米时，有 3 ~ 4 对真叶，就可选择阴天或雨天移栽，一般在 5 ~ 6 月上旬移栽，太迟收不到种子。先把定植地深翻耙细整平作畦，按行距 30 厘米，株距 25 厘米，每穴栽 1 抹，移栽时要带土，并施定根水 1 次。栽后天晴上丁时，注意淋水，以利成活。

4. 直播栽培

福建、两广地区采用直播栽培的，一般选好地深翻施足底肥耙纫整平作畦，在 4 ~ 5 月进行条播，按行距 30 ~ 35 厘米开深约 2 厘米的法沟，把经处理好的种子均约播入沟内，覆盖细土灰或细堆肥 1.5 ~ 2 厘米厚，每亩播种量约 250 克。

5. 田间管理

直播的当苗高 5 ~ 6 厘米，需按株距 20 ~ 25 厘米进行间苗拔除杂草，追施清淡人畜粪肥 1 次。直播或移栽的穿心莲，在其生长期内均应注意保持土壤湿润，及时排海水，雨季积水会发生烂根。一般锄草松土追肥 3 ~ 4 次。追肥以氮肥为主，如施人畜粪尿（1:4）或 0.4% 尿素每次每亩 2 000 千克。当苗高 15 ~ 20 厘米时，可做摘相处理，促进多分枝，提高产量。留种的地块和植株，在 8 月上旬后开花和现蕾的，可用打顶摘心的办法除去，减少养分消耗，保证已结种子发育的饱满和成熟。待穿心莲的果英呈现深紫色时立即采收，以免爆裂损失。

（三）病害方面

主要有穿心莲立枯病：重点为害幼苗或成年植株，引起大量死苗。植株茎叶变黄变小，枯萎死亡，产量明显下降。防治措施：加强栽培管理，实行轮作；选择排水方便，实行高畦栽植，控制水肥，防止积水或田间湿度太大；锄草松土时，少伤根系；立枯病用敌克松或福美双的混合剂在播种时下垫上盖药剂处理苗床土壤；初发病时，用 70% 甲基托布津 1 000 倍液或 10% 双效灵水剂300倍液施于檀株周围土壤，勿服及幼苗，以免药害；枯萎病用苯菌灵，甲基托布津等处理土壤，有一定效果。

五、头花蓼

头花蓼，为蓼科蓼属草本植物。全草入药，治尿道感染、肾盂肾炎。生于海拔450~4 600米的林中、林缘、路边、溪边、石山坡、河边灌丛等处。分布于江西、湖南、湖北、四川、贵州、广东、广西壮族自治区、西藏自治区。

（一）生物学特性

头花蓼为多年生草本植物，茎匍匐，丛生，先端斜生向上直立，分枝多，节上常生有不定根，节间短于叶片，一年生枝近直立，茎尖3~4片叶间有绒毛，叶互生，叶长一般1.5~3.5厘米，宽1~2.5厘米，先端钝尖。茎部宽楔形，全绿，边缘具腺毛。初生叶正面为绿色，叶茎为红色，叶片上有时有红褐色的斑点，叶背面大部分为绿色带紫红色，叶柄长2~3厘米，叶基部有叶耳；叶耳长5~8毫米，松散，头状花序顶生，直径6~10毫米花梗极短。粉红色，花被片椭圆形，长2~3毫米，花柱与花被近等长，中下部全生，上部裂开，柱头头状，花期6~11月边开花边结果，一般在11月下旬开始倒苗。

头花蓼喜凉爽气候，较耐寒，适应性强，一般海拔在600~1 500米都能生长，在海拔600米以下的地方能带老茎越冬，在海拔1 500米以上的高山地区老茎不能越冬，或较少能越冬。头花蓼对土壤要求不严，在黄壤及石灰土中均能生长，但在土壤比较肥沃、疏松、土层较深厚的沙质壤土地带生长较好，特别适宜在透气较好的向阳河谷沙质壤土，又不缺水的微酸性土地上生长。

（二）栽培技术

1. 育苗

（1）苗床选择　苗床地一般选择背风向阳，水源方便，土壤较肥沃，透水、透气性较好的沙质地作头花蓼的育苗床土。凡黏性重，板结，含水量较大，地薄，地下水位高，易积水和被污染的地方不能作育苗地。

（2）育苗床土的准备　头花蓼的育苗一般在每年的2月底至3月初进行，但育苗地的准备工作应在上一年的11~12月做完。

①肥料准备：一般指农家肥，每个标准厢（长10米，宽1米的有效育苗面积为1个标准厢）应准备200千克厩肥，用塑料薄膜覆盖进行发酵处理，压实备用。

②深翻床土：将准备用作育苗床地的土壤，清除杂物后，按深20~25厘米深犁，越冬，在即将育苗前15天再翻犁1次，让土壤充分细化，不再有板结的大泥团。

③其他还需准备的物资：有复合肥、普钙，竹子（小凸棚育苗时用）押篾，敌克松、腐质土、地膜、农膜（小凸棚育苗时要用），头花蓼育苗种子等。

（3）播种　一般于2月25日至3月5日播种，播种前将准备作苗床的地再次翻犁，弃杂质，按长10米，宽1米开厢（净厢后）。厢距0.5米，起垄，垄高20~25厘米，再将准备好的腐熟、发酵厩肥按每厢200千克和复合肥1千克、普钙2千克，均匀施于厢面，与15厘米厚的土壤充分搅拌均匀，整平厢面，浇足底水后施一层0.5厘米厚的腐质土，再用2 000倍液的敌克松消毒处理，再次浇足底水后播种。播种时每个标准厢先按20克的种子对细土500克搅拌均匀，后再对2 000克细土均匀搅拌，分3次均匀播洒在准备好的厢上。然后将地膜覆盖在厢面上，插上押箓及小凸棚竹片，盖上农膜压紧。

（4）田间管理　头花蓼播种后 7 ~ 10 天开始出苗（海拔较低或播种后遇到长时间高温晴天，5 ~ 7 天出苗）。平时要注意观察出苗情况，特别是播种后的第 7 ~ 10 天，当发现有 60% 现苗后，要拔掉押箓，揭掉厢面的地膜，观察厢面是否缺水，如果不是十分缺水，可暂时不要浇水。一般需要过 4 ~ 5 天，待大部分秧苗根系固定后再浇水。否则，秧苗容易被冲倒，苗根难已固定。当秧苗出齐，根系固定后，只需搞好苗床水分管理和除草工作。

2. 移栽

头花蓼移栽时间一般在 4 月 20 日至 5 月 10 日。之前应对头花蓼种植地做如下处理：入冬后，清除秸秆。翻犁土，改良土壤性状，消灭越冬病虫源。准备农家肥，未腐熟的农家肥应做腐熟处理。进行整地捡去田间石块，树根等杂物，每公顷按 30 000 千克腐熟农家肥和 300 千克复合肥均匀施入土中。按 1 米宽开厢，厢距 45 厘米。厢面打碎、整平，待移栽。

根据苗的长势情况确定具体的移栽时间，一般秧苗达到 6 叶时，即现取苗现移栽。移栽的前 1 天应在苗床上浇足水，不能留过夜苗，移栽时，先在厢面中间拉一根绳子，绳下栽植一株，然后向左右两边按 20 厘米 × 20 厘米的株行距延展，每厢栽 5 行。栽后当天及时浇上定根水，7 天后注意查缺补苗。

3. 田间管理

当移栽结束后要求做好中耕、除草和病虫害的防治工作，如遇干旱和洪涝，还需注意浇水和排涝处理。5 月中旬头花蓼移栽、补苗来后，就进入田间管理阶段，头花蓼一般 6 月封行，在封行后每隔 10 天锄草 1 次，再浇 1 次 1 : 1 的沼液，每公顷施 150 千克复合肥。如果杂草较少，锄草的次数也可以相应减少。同时做好抗旱和排涝工作。

（三）病虫害的防治

头花蓼移栽后要经常观察，拔除杂草。加强病虫害防治，特别是刚移栽时，小地老虎、跳甲等为害特别严重，要及时采取措施进行防治。小地老虎可采取人工捕捉，或用锌硫磷 1 500 ~ 2 000倍液防治；跳甲可用敌敌畏 1 500 ~ 2 000倍液进行叶面喷施。其他病虫害头花蓼发生较少。

（四）采收与加工

8 月下旬选择晴天收割头花蓼第 1 次，留长 10 厘米左右茎枝，除去杂草和泥土，及时晒干。第 2 次采收时，齐地面全部割取，不留茎枝。

第七章　其他类药材栽培

一、猪　苓

猪苓，为异隔担子菌纲、非褶菌目、多孔菌科、多孔菌属的真菌，以干燥的菌核入药。具有利水、渗湿、降血压、解热等功能。主治小便不利、水肿、尿路感染、白带淋浊、腹泻等症。主要产于山西、陕西、云南、四川、甘肃以及黑龙江、吉林等省。

猪苓主要由菌核和子实体两部分构成。菌核由大量的菌丝体组成，是药用的部分和进行无性繁殖的材料。猪苓菌丝的大小和形状都与生姜的根茎有相似之处，呈长形块状或不规则的球形，而且稍扁，有的还有姜状分枝，大小约（2.5~4）厘米×（3~10）厘米，表面有许多凹凸不平的瘤状突起或有弹性，较轻，内部变成淡褐色。菌核上有"芽眼"，呈白色或绿色。猪苓的子实体又叫猪苓花。子实体由埋于地下的菌核上长出，其上有担孢子，是进行有性繁殖的材料。猪苓的子实体主柄短，常有大量分枝，其上生有 10~100 朵扁圆形的小子实体。菌丛的总直径达20 厘米以上。菌盖肉质柔软，近圆而扁，直径一般为 1~4 厘米，中间凹下呈脐状，有淡黄色的纤维状鳞片，边缘薄而锐，常有内卷，里侧为白色。菌管细小。孢子呈卵圆形，内含 1 个直径1~2 微米的大油球。

（一）生物学特性

猪苓喜生于海拔 1 000~2 000 米，气候凉爽的山地土壤之中，山上多为次生林，桦树、枫树、柞树、柳树、山毛榉等衰老树或半朽的根周围居多。其地面为落叶腐烂而形成厚达几厘米的

腐殖质土。猪苓常生长的坡度为
20°~50°，土壤较为干燥，排水也较
好，早晚都能照射太阳。在猪苓生长
的地表及腐殖质层中，比较容易发现
蜜环菌素和被蜜环菌侵染过的腐木和
榭桩，晚上剖开可见到荧光。同时，
在猪苓窝及猪苓菌核块上，也常常可
以看到蜜环菌素的缠绕。

　　菌核在 10 厘米深的地下，旬平均地温为 9.5℃时，菌核就
可以萌发。在旬平均地温达 12℃以上，土壤含水量在 30%~
50%的环境下，猪苓菌核的萌发率迅速提高。在一定的范围内，
随着地温的升高，苓芽可以迅速增大。如山西地区，到 6 月下旬
菌核就进入萌发与生长同时进行的时期，并且要持续到 10 月中
旬。从 10 月中旬至翌年 5 月上旬，在平均地温低于 10℃时，苓
芽很少发生，或发生后也难于长大，菌核处于休眠状态。5 月以
前，苓窝土壤含水量较低，约在 22%~24.5%。菌核如露于土
表，容易失水干燥萎缩，便不能正常萌发，但并不丧失生命力。
猪苓菌丝生长的适温为 25℃，菌核生长的适温不超过 20℃。

（二）栽培技术

1. 纯菌种的分离与培养

　　获得一个纯的菌种是药用菌现代化人工栽培和工业化生产的
前提。而要获得纯菌种，可以通过组织分离和孢子分离两种方
法。此处介绍猪苓菌核组织分离获得纯菌种的两种方法。

　　菌核组织分离和培养方法如下所述。

　　（1）选材　挑选新鲜、健壮饱满、中等偏小、长约 5~10
厘米的成熟猪苓菌核。要求菌核外皮完整、黑亮、无杂色斑点，
有一定弹性，切面质地均匀、色白。

　　（2）分离方法　分离前，先用清水将挑选好的菌核表面冲
洗干净，然后放于 5%的来苏尔溶液中浸泡半小时，再用刀片将

菌核割成片状，每片厚度约0.5厘米。为了防止杂菌污染，可以将菌核片快速通过酒精灯火焰，灼热灭菌。然后放入装有培养基的无菌培养皿中（皿的直径为6厘米或9厘米），每个培养皿中放1～3片。如果遇到久放而较干硬的菌核，分离前则要进行沙埋处理，使其恢复弹性和活力。其方法是将干菌核埋入水分饱和的沙中5～7天。如果用正在生长的苓芽，因组织幼嫩，则以缩短来苏尔溶液的浸泡时间或不经浸泡，直接挑取苓芽组织放于试管斜面上。嫩的苓芽含水量较高，达80%以上，需要及时分离，否则容易污染杂菌，影响分离效果。

（3）培养　菌核分离所用的培养基为粗制麦芽糖2.5克（或饴糖）、琼脂2克、自来水100毫升，将琼脂煮溶装瓶或装试管灭菌后备用。如果没有粗制麦芽糖，可用商品麦芽糖2.5克、蛋白胨0.5克、20%浓度的大麦芽煎汁100毫升、琼脂2克，调pH值6～6.5，按通常方法制备待用。菌核萌发的培养温度为25℃左右，培养3～4天后，培养皿内的菌核即萌发出白色短而密的菌丝。7～8天时菌丝伸入到基质中，长1～2毫米。如果在10℃的低温下，经7～8天，菌核才能萌发，菌丝稀少，淡白色，形似1层薄霜，以后菌丝较难伸入到基质中。为获得猪苓的纯菌种，需要采用伸展到培养基内的气生菌丝和基内菌丝块。菌核萌发出白色气生菌丝，在培养皿中半个月即开始老化，变成褐色，因此移植菌种宜在菌丝伸入到基质的初期进行。在培养基上转接多代的驯化菌种，逐渐适应了人工培养条件，用它作为菌种来源虽然恢复期较长（2周左右），但是此野生菌株容易定植生长。

2. 繁殖方法

（1）苓场选择　苓场应选在气候凉爽的山地土壤。土壤要排水良好，含水量25%～55%为宜，不宜过湿，且以沙壤土的南坡地为好。其坡度为20°～50°，不宜太平缓或太陡。苓场的土质要肥沃，土壤的pH值一般为5～6.8。

（2）菌材准备　将适合于猪苓生长的材质，如枫木、柞木、桦木、榆树木和山毛榉的木材，半埋在腐殖质土壤中，并接种上野生的或人工培养的蜜环菌菌种，使蜜环菌在木材上生长并形成菌索。

（3）菌种准备

①孢子繁殖：每年7～8月，从苓场或野外采摘猪苓菌核的子实体，晾干。将干后的子实体揉搓成粉末，此即为有性繁殖的孢子种。用于做种的子实体，在采回后，不能放在厨房或有烟的地方，应当随采随用。每个苓穴下种3克，并用腐殖质土覆盖，稍加压紧。

②种苓繁殖：用作无性繁殖的种苓，应当选择表面粗糙、凹凸不平、多小瘤状物的鲜猪苓。也可以用种芽进行繁殖。在猪苓的黑色菌核的外皮上，会长出一小点绿色或雪白的点状物，这个芽状部分就可以作为种芽用来繁殖。操作时，将采挖到的猪苓菌核，立刻用刀把上面的白色和绿色芽状部分切割下来，用湿布包好。在已经整好的地里每穴放入1包有种芽的土球，用腐殖土深盖，同时稍加压实。

（4）挖坑　5月上旬到6月，当地温回升到9℃以上就可以下种。准备下种时，对苓场进行翻耕。在缺少腐殖质的种植场，每亩地还要施3 000～5 000千克的腐殖土，然后用耙整平，按深50厘米或23～27厘米挖坑开穴，地下必须要有枫树、桦树、槲栎树或榆树的根，或有人工培养的蜜环菌的菌材。坑内先下菌材，后下苓种，再下菌材，最后用腐殖土或沙壤土盖好。另一种挖坑播种的方法是：在桦树、栎树、柳树、枫树或榆树的近根处，挖一个16厘米×33厘米见方的坑。在坑底的一侧，挖一个斜向上的小洞（洞深10厘米）为育种坑。挑选2～3个或4～5个完整无伤痕的新鲜野生小猪苓作为种苓。种苓的小头向上，排放在育种坑内。然后向坑内放入树叶、杂草和腐殖土，填平后稍加压实。3年后，每坑可以产猪苓5千克。

（三）采收与加工

采挖野生猪苓应注意以下几点：一是猪苓子实体多产生于夏秋季节，尤以三伏雨天为多。因此，夏季雨后进山，一旦见到地上有猪苓花，即可由此挖下去，一定会有猪苓。二是猪苓喜生于枫、桦、柞树的根际，在这些地方若地面隆起，踩之松软，地面小草发黄，甚至出现干枯，而周围却茂盛，则发黄小草的地下一定有猪苓。三是若枫树、桦树等生长不好，有的树木甚至枯焦变黄，说明树的附近可能有猪苓。四是早晨露水未干时，树林中地面比较干的地方，或者在小雨、阵雨后寻找地面较干的地方，可能有猪苓。五是有时地面龟裂，会露出猪苓。六是在挖到第一窝猪苓后，注意其主根所走的方向，在主根的附近再挖就会找到新的猪苓窝，这些新苓窝可能呈三角形、直线形或梯形分布，这称为"就苓找苓"。七是林中土壤是上肥下瘦，上部多为黑色腐殖土，下部多为黄沙土，菌核在上层土壤中生长的数量常多于下层，挖出上层后，继续向下挖去，可能还有猪苓。猪苓窝有鸡苓窝和母猪苓窝两种，前者每窝能挖猪苓 2.5～3 千克，后者每窝能挖猪苓 35～40 千克，并且生长规律为 3 窝、5 窝、9 窝 3 种，产量很高。

下种后 2～3 年就可以开始采挖。一般在春季 4～5 月或秋季 9～10 月采挖。将挖出的猪苓除去沙土和蜜环菌索，但不能用水洗，然后置日光下或置通风阴凉干燥处干燥。或送入烘干室进行干燥，注意温度应控制在 50℃以下，干燥温度不宜过高。干后置于通风干燥处保存。干品猪苓为不规则长形块或近似圆形块状，大小不等。长形的多弯曲或分枝如姜状，长 10～25 厘米，直径 3～8 厘米。圆块的直径 3～7 厘米，外表皮黑色或棕黑色，全体有瘤状突起及明显的皱纹，质坚而不实，轻如软木。断面细腻呈白色或淡棕色，略呈颗粒状，气无味淡。猪苓一般不分等级。若分级，那么表皮黑色、苓块大、较实，而且无沙石和杂质者，为甲级猪苓；表皮不太黑、块小、烂碎、肉质褐色、皱缩而不紧者，为乙级猪苓。

二、茯苓

茯苓，隶属于担子菌亚门、异隔担子菌纲、非褶菌目、多孔菌科、卧孔菌属真菌茯苓的干燥菌核，为我国珍贵的传统中药。作为多种方剂及中成药的原料，茯苓含有多种三萜类物质和活性物质，具有益脾、健胃、祛湿、利水、安神、生津等功能。据最新报道，从茯苓中提取的茯苓多糖或茯苓异多糖等具有促进细胞分裂、补体激活、抗诱变、抗肿瘤、增强免疫等生物活性。此外，茯苓菌核还是一种食用价值颇高的营养滋补品。茯苓以其较高的药用价值、营养价值及独特的保健作用而备受关注，其经济价值可观，具有广阔的应用前景。

（一）生物学特性

野生茯苓在海拔 600～1 000 米山区的干燥、向阳山坡上的马尾松、黄山松、赤松、云南松、黑松等树种的根际。孢子 22～28℃萌发，菌丝 18～35℃生长，于 25～30℃生长迅速，子实体 18～26℃分化生长并能产生孢子。段木含水量以 50%～60%、土壤以含水量 20%、pH 值为 3～7、坡度 10°～35°的山地沙性土较适宜生长。在昼夜温差大的条件下有利生长。

（二）栽培技术

1. 苓场选址

选择海拔 600～1 900 米；以全日照或半日照阳的东向、南向和西向坡为好，如有较高的山头作自然屏障更好，温度以

15～35℃为宜，忌北风吹刮；坡度适宜于 15°～30° 缓坡地段，忌低洼、平地、凹陷谷地；土壤以排水良好，疏松通气、沙多泥少的夹沙土（含沙 60%～70%）为好。土层厚度达 50～80 厘米，上松下实、含水量 25% 左右，pH 值 5～6 的微酸性土壤最适合菌丝生长，忌碱性土壤。

2. 菌种准备

采购优良茯苓种植菌种。

3. 苓材准备

（1）段木准备　生产中主要用马尾松段木及其树蔸作栽培材料。每年 10～12 月，即"霜降"节树木进入休眠期后砍伐松树，立即削皮留筋，不剔枝丫，晾干，操作时，用斧子将树皮相间纵削，深度可达木质部，促使松脂流出，利于干燥。保留的 1 条树皮为筋（也叫引线），削面和留筋面各宽 4～6 厘米，风干两个月左右进行断木，将木材锯成 50～80 厘米长的短段，就地归堆、堆成井字形。在堆放过程中，要上下翻晒 1～2 次，进一步晾干水分。敲之发出清脆响声，两端无松脂分泌，用测水仪检测，含水量为 50%～60% 时即可使用。

（2）树蔸准备　即利用伐后留下的树蔸作茯苓栽培材料。在秋、冬季节采伐松树时，选择直径 16 厘米以上的树蔸，将周围地面的杂草、灌木砍掉，将落叶和腐朽木材清除干净，深挖 30～50 厘米，把树蔸和侧根都暴露在土外，树桩部分按相间 4～6 厘米削皮留筋，侧根部分削皮 3 条、留筋 3 条，树蔸的主根可不截断，侧根按上短下长的要求，上坡侧根留 30～50 厘米，下坡和左右侧根留 50～100 厘米，多余部分截断。使菌丝不再外引。注意挖土晒蔸时，蔸底不留坑、防止积水。树蔸的上部和两侧要开沟排水。

4. 接种

（1）茯苓栽培时间　分春种和秋种两季，春种在"清明"到"小满"（4～5 月）之间进行；秋种在"立秋"至"秋分"

（8～9月）之间进行。

（2）整地　可以先挖地再下窖，也可以边挖地边下窖。前者适宜于段木较多且集中的苓场，后者适宜于段木较零散的苓场。挖地要先清理场地，把地表落叶、杂草、腐朽木、灌木全部清除出去，挖土深20～30厘米，捡尽草根、树根、杂木蔸、大石块。窖地按原来坡度自然倾斜。挖出的土要保持清洁。

（3）下窖接种

① 段木下窖接种：段木排放：选择晴天。从山下向山上施工，段木按斜坡水流方向顺排。黎平降雨量大，年均降雨1 300毫米左右，且集中于茯苓生长发育季节，所以段木排放要有一定斜度，以15°～30°斜面为宜。坡度小于15°的苓场，整地时，将上坡一头垫高，使段木斜面达到15°以上；坡度大于35°的苓场，整地时，降低上坡一头的高度，挖出90～100厘米的梯带，使段木斜面在30°左右，既便于盖土，也便于排水。

段木排放数量：每窖排放段木45～75千克，下3～5包菌种。窖与窖之间，上下相隔50～80厘米，左右相隔10～15厘米，并上下左右对齐，以便开沟排水和嫁接、覆土。排放段木蔸头（大头）朝上，紧贴泥土，泥土凹陷处要垫平，段木下不准有空隙。段木与段木之间，将削皮面靠紧，以利菌丝传引。凡有割脂面的段木，割脂面朝上，带皮一面朝下。

接种：在段木上坡一端锯口断面削成新口，将菌种袋剥开，用左手按住段木，右手将菌种贴在断面新口上，用力上下左右搓动几下，使菌丝体与段木紧密螯合，并顺势将菌种袋张开的薄膜盖住菌丝体，不致下雨淋湿。然后用细土将菌袋垫稳压紧，再覆土。覆土先将下坡一端盖住，再盖上端和表面，盖土10厘米左右，不使断木露土。

下种数量：一般15千克左右段木下1包菌种。

开沟排水：下窖覆好土后，将苓场周边排水沟开挖好，排水沟开挖规格不低于30厘米×30厘米。苓场较宽的，要开挖窖间排水沟，每隔 2 窖，最多 3 窖开 1 条排水沟。排水沟底必须低于下端段木，保证苓场水流畅通，不致积水。

②树蔸接种：在树蔸上坡一方正中部位接种。正中部位有直径 5 厘米以上侧根的，菌种接在上侧根上，先将上侧根两侧用利斧削成新口，剥开菌种袋，将菌丝体紧贴在两侧新口上，并用菌袋薄膜盖住菌丝体，再盖土，覆土厚 10 厘米左右为宜；正中部位为凹槽的，菌种按在凹槽上。先将凹槽削成新口，削到木质部，剥开菌种袋将菌丝体紧贴在凹槽新口处，用菌种袋薄膜盖住菌丝体，用细土垫稳压紧，再覆土。盖土以高出菌种袋 10 厘米左右为宜。接好菌种后，树蔸的侧根用细土全部盖上 1 层薄土，使树根保持一定湿度，以利菌丝传引。最后将周围排水沟开挖好，不能在树蔸脚下积水。接种量以树蔸大小而定，1~4 包不等。

5. 苓场管理

（1）接种后保护　接种后保护好苓场，严禁人畜践踏，以免菌丝脱落。

（2）查窖（蔸）补缺　段木接种 7~10 天便长出白色菌丝，显示已"上引"。段木上未见菌丝或菌丝发黄、变黑、软腐、有杂菌感染，则引种失败，应选晴天及时补引，方法是将窖的盖土扒开，露出段木，另取一段菌丝生长旺盛的段木置换原窖中未接种上的段木，然后将土覆回。或者将未"上引"窖的段木取出，晒干水分再放回原窖，再削新伤口重新接种。"补引"不能在原菌种接口处，应另择新口"补引"。1 个月左右再检查 1 次，若段木侧面有菌丝缠绕延伸，显示已"上引"，若此时仍未长菌丝或虽有菌丝生长但不旺盛，要查找原因，及时进行补救处理。

检查树蔸是否"上引"，在接种 10 天后，清晨露水未干前现场察看，如坎面无露水即为"上引"，也可以扒开坎面察看，如树蔸已有白色菌丝传上，并能嗅到茯苓气味，即为"上引"，若树蔸无菌丝或菌丝发黄、变黑、软腐，应重新接种。

（3）培土 茯苓形成菌核（结苓）后，苓体不断增大或因大雨冲刷表土层而露出土面，影响茯苓正常生长，故要勤检查，一旦发现窖土裂开或茯苓露出土面，应及时用细土培上，覆土10厘米左右，以菌核不外露为宜，同时拔出窖上或树蔸周围的杂草，防止人畜践踏。

（4）排涝抗旱 茯苓喜干燥，雨前或雨后要及时疏沟排水，防止苓窖积水。并且对径级较大的段木窖，适当扒开表土，让段木露出表面，使其尽快蒸发水分。干燥到适当程度，又重新覆土。

（三）病虫害防治

1. 病害防治

茯苓生长过程中主要病害是腐烂病，致病原因是：繁殖材料不清洁，苓场排水不畅，窖面土壤板结、透气性差等。防治方法：段木要清洁，干燥；苓场要保持通风透气、排水良好；发现此病，提前收获，防止病害蔓延。

2. 防治虫害

茯苓的主要虫害是白蚁，选择苓场要避开蚁源，苓场要向阳、干燥，挖地时注意清除腐烂树蔸、树根，接种材料（段木、树蔸）要干透。

防治方法：

（1）诱杀 在苓场附近挖一些诱集坑、坑内放置新鲜松柴、松毛或蔗渣，用石板盖住，日常观察中若发现白蚁，沿蚁路寻找蚁穴，用松节油喷杀。

（2）生物灭蚁 采用白蚁的天敌——食虫蚁菌杀灭白蚁。此菌对啮齿类动物及所有的热血动物无感染力，但对白蚁群却有100%的杀灭率，白蚁群中只要有1只蚁感染此菌，巢内全部白蚁将感染此菌死亡。

(四)　采收与加工

1. 收获时期

栽培茯苓因培养材料不同、种源不同、栽培方式不同、接种时间不同，采收时节有所差别。一般由茯苓的生长期和它的成熟外观性状两个指标控制。做到成熟 1 批，采收 1 批，以免造成损失。传统栽培方式，不论春季栽培或秋季栽培，茯苓生长期 6~8 个月，段木、树蔸可收获 2~3 次。春季栽培 4~5 月下窖接种，生长期 6~7 个月，第 1 次采收时间为当年 10~11 月；第 2 次采收时间为次年 4~5 月；第 3 次采收时间为次年 10~11 月。秋季栽培 8~9 月下窖接种，生长期 7~8 个月，第 1 次采收时间为次年 4~5 月；第 2 次采收时间为次年 10~11 月；第 3 次采收时间为第 3 年 4~5 月。

茯苓成熟外观性状控制：看苓窖表土、窖土凸起龟裂不再增大时，表示窖内茯苓已停止生长；看茯苓外表，用手扒开窖土现出茯苓个体，菌核长口已弥合、嫩口呈褐色、皮薄而粗糙，并且菌核靠段木（树蔸）处呈现轻泡现象为成熟，应及时采收。皮呈黑色为过熟，皮呈黄白色仍在生长；看苓窖段木（树蔸），段木（树蔸）变成棕褐色，一捏即碎，有脆性，表示纤维素已耗尽，茯苓不再生长。

2. 收获方法

选择晴天采挖，以保持茯苓原有色泽质量，不易腐烂，雨天采挖，茯苓容易变黑、易腐烂。采挖时小心起窖，先用手扒开苓窖表土，把握茯苓个体大小和生长位置，然后用锄头小心取出茯苓，先取表层茯苓，再移动段木筒取出其他茯苓。茯苓菌核多生长在料筒两端，有的可延伸到窖周围数十厘米结苓，所以，起挖时若窖内不见茯苓，可在周围仔细翻挖寻找。取出茯苓后，仍将段木（树蔸）在原窖排好，覆上土，让其继续结苓。起挖茯苓尽可能不挖破茯苓，以免断面沾污泥沙。挖出的茯苓不得让太阳直晒，以免糠泡散裂而影响品质。

3. 加工方法

（1）发汗　挖出的鲜苓（亦称潮苓）含有 40% ~ 50% 的水分，必须将水分逐渐去掉后才能加工。不能用暴晒或急火加温干燥。

①发汗方法及场所：仓库或房间发汗，选择地面潮湿不通风的房间，用竹片或木板垫底，上铺竹折帘或小树枝或稻草或聚乙烯薄膜，搭成高 10 ~ 15 厘米的矮台。将潮苓按不同起挖时间，不同大小，完好或损坏程度，单层放在矮台上（注意有伤口的倾向一边侧放，以免伤口腐烂）。每天转动一次，每次转动翻半边，不能上下对翻，以防止茯苓因水分蒸发不匀发生皲裂。此时茯苓外皮可长出很多白霉状物，即子实体。俗称"耳菇子"，10天左右待耳菇子变成淡黄色时，用铁针或手轻轻将其剥去，注意不要撕破苓皮。如有难以剥除者，可将茯苓堆起并用上述聚乙烯薄膜等覆盖物覆盖闷闭一段时间后再剥。剥后随即移至高约 100厘米的高折台上，使其慢慢干燥。待茯苓变干，变松并出现皱纹时，根据干湿度分批放入"发汗池"中"发汗"。

②发汗池发汗：发汗池用砖或水泥砌成，高 100 ~ 130 厘米，长 130 ~ 250 厘米，宽 70 ~ 90 厘米。池底先铺 1 层稻草，将大而坚实的茯苓放在底部和中间，小或质泡的放在周围。池面盖一层稻草或竹帘，压上面板。5 ~ 6 天后，掀开石板观察，若面板上汽水已渐干。即可出池。出池后，将茯苓全部堆放在高折台上，注意不要用手抹掉茯苓上的白茸毛，结茸毛稍变成黄色时，可用竹刷将其除去。2 ~ 3 天后，再根据茯苓的干湿度分批移入矮折台，单层堆放，每 2 ~ 3 天转动翻身 1 次。半月左右，可将晾干的茯苓按 3 ~ 4 层堆放，每 3 ~ 4 天慢慢转动翻身。并相互交换层次，使茯苓体内水分均匀溢出。对体大未干的茯苓可进行第 2 次入池发汗，方法与前相同。出池后通过摊、刷等程序可同其他茯苓一起摊放处理。个别大的茯苓还要进行第 3 次入池发汗。此时，大小茯苓混层摊放，其间的转动翻身一定要做到均匀、适

度，否则会使茯苓体内半干半湿，半白半黄，甚至霉烂变质。15～20天后，将茯苓移至高折台摊放避风1～2天，此时茯苓表面出现细微的鸡皮状裂纹，则表示发汗已毕，即可进行切制和保管。

（2）茯苓切制　将分类好的茯苓用竹刀或刀削去外皮。根据规格，将茯苓切制成块。

（3）干燥　将切制的各种规格品，立即送入常规干燥车间干燥或置露天晾晒至规定水分，有条件的用真空冷冻干燥机进行干燥，温度控制在10～18℃，以最大限度地避免传统加工和储存过程反复晾晒、烘烤造成的有效成分的损失，提高茯苓产品的优良外现性状和内在品质。

参考文献

［1］丁万龙，李勇．60种中药材栽培技术．北京：中国劳动社会保障出版社，2010

［2］张红非．中药材栽培技术．成都：四川教育出版社，2008

［3］斯金平，江建铭．特色中药材高效生产技术．北京：中国农业出版社，2005

［4］王永．现代药用植物栽培技术．合肥：安徽科学技术出版社，2006

［5］宋德勋．药用植物栽培学．贵阳：贵州科技出版社，2000

［6］张改英，王敏强，李民．百种中草药栽培与加工新技术．北京：中国农业科学技术出版社，2007

［7］李勇，林锦仪．药用植物栽培技术．北京：中国林业出版社，1999

［8］2009年药市点评及2010年药市展望．中国医药报，2009